上海音乐学院本科重点教学改革项目资助

PRINCIPLES OF AUDIO TECHNOLOGY

音频技术基础教程

房大磊 著

上海音乐学院出版社
SHANGHAI CONSERVATORY OF MUSIC PRESS

图书在版编目（CIP）数据

音频技术基础教程 / 房大磊著 . — 上海：上海音乐学院出版社，2023.10
ISBN 978-7-5566-0724-2

Ⅰ.①音… Ⅱ.①房… Ⅲ.①音频技术－教材 Ⅳ.
①TN912

中国国家版本馆 CIP 数据核字（2023）第 167157 号

书 名	音频技术基础教程
著 者	房大磊
责任编辑	田依姐子
封面设计	梁业礼
出版发行	上海音乐学院出版社
地 址	上海市汾阳路 20 号
印 刷	上海新艺印刷有限公司
开 本	787×1092 1/16
印 张	14.75
字 数	243 千字
版 次	2023 年 10 月第 1 版 2023 年 10 月第 1 次印刷
书 号	ISBN 978-7-5566-0724-2/J.1709
定 价	55.00 元

前言 | Fore word

如今，音频相关行业已经发展成错综复杂的形态：音乐厅里有传统音乐演出；录音师正在进行现场录音的工作；录音棚里的歌手正忙于自己的新专辑，录音师、制作人和歌手在一起讨论音乐的制作与录音；网红主播则在自己的工作室中为自己的人声进行效果处理；正在旅游的视频博主使用领夹话筒为大家解说……

如果时间倒退三四十年，或许情形就完全不一样了。录音需要在声学条件非常好的录音棚中完成，需要依赖各种亮着灯、发着热的大型设备。声音则会被录制在各种各样的磁带上。录音师正在使用刀片对磁带进行剪切和拼接。

如果时间再倒退三四十年，当时的情形在现在看来几乎难以想象：录音师需要穿着白大褂，躲在一个房间里和其他人窃窃私语；乐手则不允许进入控制室。当时也没有太复杂的剪辑技术，很多录音都需要一次性完成。

不难发现，音频技术从诞生到现在经历了翻天覆地的变化。层出不穷的新技术让录音的过程变得越来越方便、快捷，而艺术家们的创造力也促使新技术不断地出现。但是不管音频技术如何发展，其本质并未发生变化：我们使用各种不同的手段记录声音，对记录的声音进行加工及处理，最后播放使其被人耳再次听到。因此，了解最基本的音频技术不仅有助于掌握当前录音手段，同时也是录音时所必需的基础知识。

本书包括三个部分：第一部分从最基本的录音操作入手，详细介绍个人工作室的设备组成、配置及录音操作步骤，让读者快速熟悉录音相关操作，同时也借此引出录音过程中所涉及的音频技术相关术语。第二部分介绍音频技术的基本概念，让读者了解录音需具备的各种音频技术的基础知识。第三部分则将前两部分的内容联系起来，介绍录音相关设备，让读者可以更加了解第一部分所提到的设备，同时第二部分所介绍的基本概念也被广泛运用，有助于读者巩固第二部分所学的知识。

　　本书既可以作为大专院校相关专业的基础教材，也可以用于音乐爱好者了解音频技术相关知识。初学者可以按照章节循序渐进地阅读，而具备一定基础的读者也可以将本书作为参考书使用。在本书最后提供了中文及英文两种索引，读者可以将此作为阅读英文资料的专业词典使用。

目录 | Contents

第二部分 音频技术基础概念

第三部分　音频相关设备

附录　索引

第一部分

录音快速入门

第一章
音频设备基础

第一节　音频技术及设备发展简史

为了更好地了解录音及录音棚中的各种音频技术，我们首先需要了解达到目前水平及技术的过程中究竟发生了什么。技术与录音可以看作是互相促进并且共同发展的。层出不穷的新技术，例如多轨录音技术、MIDI和DAW软件，它们不仅从根本上改变了我们录音的方法，更是打开了曾经难以想象的创新的大门；同时由于我们希望以更容易、更快捷的方式来完成工作，也促使了新技术的形成。首先让我们来看一下在20世纪中录音技术及方法的进化。

不同时代的录音技术及方法虽然不同，但是有一个重要的共同点并未改变：以何种形式对声音进行记录并处理。不同时代的差异就是不同的声音记录及处理形式。

20世纪初，人们发现可以使用蜡纸筒作为声音记录的媒体。如图1-1所示的留声机（Phonograph）图片，留声机前面的圆筒即为蜡纸筒。其基本结构是一个空心纸筒，外层均匀地涂了一层蜡。当时的录音棚布置也非常简单：只需要一间房间即可。所有演奏员围坐在一个"喇叭口"形状的号角周围，号角收集演奏的声音。这些声音被传导到一片振膜上，引发了振膜的振动。振膜上安装有质量较重的切割用唱针，演奏员边演奏，蜡纸筒边旋转，唱针随即在蜡纸筒上刻制出与声音幅度变化一致的纹路。回放时，在蜡纸筒

图1-1　蜡纸筒留声机

上使用质量较轻的回放用唱针，其整个过程与录音相反：唱针经过纹路产生振动，带动振膜引起空气的微弱振动。随后空气振动通过号角放大使得声音得以还原。整个录音及放音过程完全是机械处理过程，不包含任何电子处理过程。

使用蜡纸筒录音的过程也是非常艰苦的。首先，乐手们要足够靠近接收声音的号角，因为太弱的声音无法带动振膜上的唱针振动，也就无法录制声音；其次，周围环境对录音的效果也影响很大，如果温度太低或太高，蜡就会比较坚硬或松软，录音的效果也会受到影响；同时，录音过程是一次性完成的，无法编辑和修改；最后，录音完成后的蜡纸筒无法进行复制，一次录音只能切割出一个蜡纸筒。这就意味着如果需要多份录音，录音的过程也需要进行多次。

随后记录媒体开始发生变化，基于虫胶或聚氯乙烯的唱片（Record）开始慢慢替代蜡纸筒，但是记录在唱片上的形式仍然是声音振动的信息。图1-2所示为唱片上的纹路。这些纹路就是声音真实振动的信息，即唱片上"显示了声音的波形"：不同疏密的纹路代表了声音的轻响差别；同一纹路上间距不同的明暗部分代表了声音的频率高低。

图1-2　唱片上的纹路

使用唱片作为记录媒体的优势就是其制作及复制过程很方便，成本也很低。唱片的复制使用的是压制的方式，和印刷过程类似。制作过程中使用金属的母盘，在盘基上压制，即可完成黑胶唱片的制作。

20世纪50年代，由于电子管放大器及电容式话筒的发明，使得录音从完全机械处理过程慢慢转变为电子处理过程。话筒能够将声音振动转换为交流电信号，随后交流电信号送至放大器，并驱动唱针切割唱片。

由于话筒的发明及使用，促使录音的房间从原来的一间房间变成了两间房间：录音棚用于演奏员演奏及话筒的布置；控制室用于录音师在更严格的环境下监听演奏。同时由于使用话筒的数量增加，人们又需要一个设备能够同时控制各支话筒的电平及开关，所以一种叫做调音台的设备被发明了。后来人们发现可以使用电子的手段来改变声音，因此能够调整音频信号中不同频段响度的设备——均衡器被集成进调音台。电子化的录音手段使得声音在录制的过程中可以按照需要进行一定程度的改变，例如减少不需要的声音，或者将声音进行美化处理。

随后，使用磁性记录的磁带被发明，并慢慢代替唱片作为主要的记录媒体。当磁带作为记录载体后，人们发现不仅可以记录两轨立体声（2-Track Stereo，即左声道和右声道），还可以记录更多的轨道，因此多轨录音技术被发明。多轨录音技术允许在录音过程中使用多支话筒，并将其信号分别记录在不同的轨道上。随后在播放时通过使用调音台，可以重新调整每个轨道的声音，并混音成两轨立体声来得到更好的声音效果。

磁带的规格根据使用的场合及要求会有不同的尺寸。例如图1-3所示的Studer A827多轨磁带录音机（Multitrack Tape Recorder），在2英寸（约5厘米）宽度的磁带上提供了24轨录音能力。这种多轨录音机在录音棚中的应用非常广泛，24轨录音也为同时录制多达24支话筒声音实现了可能。这种录音机的磁带及走带机构是裸露在外的，因此这类录音机也叫作开盘录音机（Reel-

图1-3　Studer A827多轨磁带录音机

to-Reel Audio Tape Recorder或Open Reel Recorder）。

20世纪70至80年代，随着数字音频技术出现，记录在磁带上的信息也从模拟转换为数字。但此时的磁带仍然是线性记录媒体，对磁带进行剪辑和拼接会破坏原有的磁带。随着计算机技术的高速发展，使用硬盘作为记录媒体，配合DAW（数字音频工作站，Digital Audio Workstation）系统（图1-4），使得非线性的数字化信号编辑成为可能，人们可以更加自由地进行录音，录完后再根据需要进行剪辑和拼接，原始录音并不会被破坏。同时，更加复杂的音频处理手段也层出不穷，此时，现代录音技术已经基本成型。

图1-4　Avid Pro Tools数字音频工作站系统

第二节　音频处理系统基本模型

我们在上一节已经了解录音及其相关技术的发展史，其中也提到了一些设备。为了让大家更好地理解和掌握这些设备的原理、用途以及所涉及的相关技术，我们设计了一个音频处理系统的基本模型，其结构如图1-5所示：

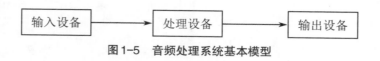

图1-5　音频处理系统基本模型

该图中包含了一些用于表示设备或功能的方框，以及设备之间的连线及信号流程。这种图叫作框图（Block Diagram）。框图中的信号流程为从左至右。从该框图中可以发现音频处理系统的基本模型包含了两个内容：

第一，该模型将各种音频设备按照功能和用途分成三类；

第二，该模型表达了音频处理系统对声音信号的处理顺序。

对音频设备的分类有助于在设计及使用音频处理系统时了解不同设备的

功能及用途；对声音信号的处理顺序有助于在分析和解决问题时提供清晰的思路。下面我们对每个类型的设备进行分别讨论。

一、输入设备

输入设备能够将各种形式的声音转换为电信号，并送至处理设备进行处理。常见的输入设备如下。

话筒：声音在空气中的声波转换为电信号。（详细内容可参考本书第三部分第八章）

接触拾音器：声音的物理振动转换为电信号，例如唱机的唱头。

电磁拾音器：将引发磁场改变的振动转换为电信号，例如电吉他的拾音器。

各种播放器：各种记录媒体转换为电信号。

值得注意的是各种播放器也被列入输入设备，其原因在于各种记录媒体也是声音的某种体现形式。例如前面提到的唱片，是将声音的振动记录在唱片上。而现在使用手机播放音频文件，也是数字化的声音以文件形式存放于手机的存储空间中，在需要播放时通过手机的硬件及软件重新转化为声音的电信号并输出。

二、处理设备

处理设备能够对输入设备提供的电信号进行处理。处理不仅包括声音听感上的处理，例如改变音色、增加空间感等；同时也包括不同形式的格式转换，例如对数字化音频信号进行MP3编码及解码等。常见的处理设备如下。

调音台：录音棚中最核心的设备，用于连接所有的音频设备，并对声音电信号进行放大、效果处理及混合输出。（详细内容可参考本书第三部分第九章）

声卡：为DAW软件提供模拟信号及数字信号之间的转换及其他音频信号处理功能。（详细内容可参考本书第一部分第二章第二节）

周边效果器：用于对声音的电信号进行处理。（详细内容可参考本书第三部分第十一章）

三、输出设备

输出设备：将处理过的电信号重新转换为各种不同的形式。这些形式不仅能让我们重新听到声音（例如音箱），还包括各种媒体（例如唱片、磁带），以及各种格式的数字音频文件等（例如存放于SD卡上的MP3文件），甚至包括转换成其他形式的能量辐射出去（例如电台发射的无线电波）。常见的输出设备如下。

音箱和耳机：声音电信号重新转换为空气中的声波。（详细内容可参考本书第三部分第十章）

录音机：将声音电信号转换为某种媒体形式。现在录音机已经被运行DAW软件的计算机所代替。（详细内容可参考本书第一部分第三章）

需要注意的是，这里讨论的输入设备与输出设备都是从处理设备的角度来看的，即输入与输出都是相对于处理设备来说的：声音来自于输入设备，而处理过的声音送至输出设备。（本书使用这种说法）

如果从输入设备和输出设备自身的角度来看，其结果正好相反：输入设备能够输出声音电信号，输出设备需要输入声音电信号。

四、音频处理系统基本模型简单实例

下面我们通过若干简单的实例来看看基本模型在实际场合中的应用。

1. 喊话的喇叭

这种喇叭能够将人声的音量变大，因此可以被更多人听到。

输入设备：话筒。拾取人声并转换为电信号。

处理设备：放大器。将电信号放大，并提供足够的功率用于推动扬声器发声。

输出设备：扬声器。将来自放大器的电信号重新转换为声音。由于此时的电信号已经被放大器所放大，因此扬声器发出的声音的音量会高于人声的音量。

2. 录音笔录音

这是一种最基本的也是最容易使用的录音方式，因此录音笔录音非常适合验证音响系统的基本模型。

输入设备：录音笔自带话筒。拾取外界的声音。

处理设备：录音笔的音频处理系统。可以进行音量调整（更准确地说应该是增益调整）及信号编码解码。

输出设备：媒体文件和耳机。编码后的信号保存为媒体上的文件，同时

送至耳机进行监听。

3. 电脑播放音频

这或许是一个"想当然"的过程，可能读者从来没有考虑过究竟包含哪些环节。但是应用于基本模型的结构以后就可以发现，其整个过程也包含了很多方面。

输入设备：媒体文件。

处理设备：电脑软件信号解码。进行音色调整及音量调整后，送至声卡。

输出设备：耳机/音箱。将来自声卡输出的信号重新转换为人们可听到声音。

前面我们提到过，这个基本模型不仅将设备分类，同时也强调了信号的流程。因此，当音频系统出现问题时，我们可以根据不同设备提供的不同功能及其所处的位置，来快速地判断和解决问题。

仍然以电脑播放音频为例。如果双击一个音频文件，电脑并未发出声音，我们就可以按照基本模型的分类和顺序，逐个替换每个环节，来发现并解决问题。本例中的检查方法为从前至后的办法，即依次替换输入、处理或输出设备，来判断哪个部分出现问题。整个流程如下：

（1）如果播放另一个同样类型的音频文件，此时听到声音说明处理设备和输出设备都正常，问题出在源文件上。解决方法：更换源文件。

（2）如果播放另一个同样类型的音频文件，但是同样未听到声音，则可以尝试播放一个不同类型的音频文件。此时如果听到声音，说明播放音频用的软件无法对源文件进行解码。解决方法：转换源文件类型。

（3）如果播放多个不同类型的音频文件，仍然未听到声音，且播放软件并未报错，则说明音色调整及音量调整以后出现问题。我们可以查看声卡的面板或控制软件。如果声卡输出电平表没有活动，说明播放软件的输出信号并未送至声卡。解决方法：检查播放软件及系统的音量等相关设置。

（4）如果声卡输出电平表有活动，说明软件的信号已经送至声卡。此时尝试调整声卡设置。如果听到声音，说明声卡的设置存在问题；如果调整设置后仍然听不到声音，则说明声卡存在故障。解决方法：调整声卡设置，或更换声卡。

（5）如果更换声卡后仍然听不到声音，此时可以尝试更换耳机或音箱，如果听到声音，说明耳机或音箱损坏。解决方法：更换耳机或音箱。

通过以上实例可以看出，基本模型能够对音频处理系统进行有规律的分类，并清晰地展示出信号处理流程。在本书后面的章节中，我们还会对各种不同的场合及设备应用该基本模型。

第二章
个人工作室录音设备

引　言

　　个人工作室（Home Studio）是指以小型房间为基础，能够兼顾制作与录音的工作室。录音系统的核心为计算机，并为其配备专业声卡及DAW软件。个人工作室也需要一定程度的声学处理，因此可以进行简单的人声或乐器录音。图2-1为典型的个人工作室。

图2-1　个人工作室

　　个人工作室虽然设备简单，但却包含了所有录音过程中所需要的设备及流程，同时个人工作室也适合读者自行搭建。了解个人工作室为第四章了解录音棚打下基础。

第一节　个人工作室核心设备

个人工作室受空间和成本限制，其音频系统的处理设备往往以计算机为主，并为其配备专业声卡及DAW软件。而话筒及音箱等设备往往与录音棚并无太大差别。下面来分析主要设备及其功能与用途。

一、计算机

得益于计算机技术的飞速发展，目前计算机已经能胜任多轨录音、音频剪辑、效果处理等各种必要功能。计算机作为音频系统的核心，其性能决定了整个音频系统的性能。计算机包含很多部分，其中以下部分对音频系统影响较大，在选择及配置计算机时需要考虑。

1. 中央处理器

中央处理器，简称处理器或CPU（Central Processing Unit），是计算机中执行计算机程序的元器件，即计算机的"大脑"。其性能直接影响了DAW软件及效果处理软件的运行性能。现以Intel处理器为例介绍一下影响处理器性能的参数：

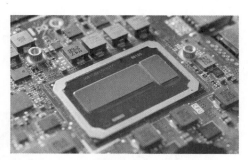

图2-2　Intel Core i7-6770HQ处理器

（1）处理器代次

处理器厂商隔段时间就会对处理器的架构及制造工艺进行更新，处理器代次越新，处理器的性能会越好。截至本书撰稿时，Intel最新的处理器代次为第十三代。

（2）处理器内核及线程

得益于处理器制造工艺的提升，处理器厂商可以在一块处理器中集成多个独立的执行单元，这种技术就是多内核技术。对于软件来说，每个独立的执行单元看上去都是一个独立的处理器。内核数量越多，处理器性能越好。目前常见的处理器内核数量有双核、四核、八核甚至更多。

处理器在执行指令时，往往会有空闲的部分。因此处理器厂家开发了多线程技术，让软件将一个处理器视为多个处理器，充分利用处理器的空闲部分，借以提升处理器的工作效率。Intel的超线程（Hyper-Threading）技术能够将一个处理器内核视为两个"处理器"。

结合多内核及多线程技术，软件能够看到的处理器数量往往更多。例如Core i9-10900K处理器，其内核数量为10，线程数量为20，即在软件中，可以看到20个处理器。

多线程技术并未增加真正的处理器执行单元，因此该技术对性能的提升与软件本身关系很大，甚至在部分音频处理场合，多线程技术会带来一定的性能影响，因此部分DAW软件要求关闭多线程技术。

（3）处理器主频

处理器在执行计算机程序中的指令时，会按照一个给定的时间信号按顺序进行。这个时间信号就是主频。主频越高，处理器执行指令的速度越快，处理器性能越好。

目前Intel处理器采用睿频（Turbo Boost）技术，定义了基础频率和睿频频率。处理器会根据当前的性能要求及散热能力来动态调整处理器的实际工作主频。例如Core i9-10900K处理器，其基础频率为3.7 GHz，睿频频率为5.3 GHz。

与多线程技术类似，睿频技术产生的处理器主频变化也可能会影响DAW软件的运行，因此部分DAW软件要求关闭睿频技术，使得处理器始终工作在最高频率。

2. 内存

内存（Random Access Memory，简称RAM）为计算机系统的一级存储器，其访问速度快，但是容量有限，关机后数据会丢失。因此软件仅会将需要经常访问的数据从硬盘（下面会提到）读入内存；软件使用完毕后再将需要保存的数据写回硬盘。这也是软件启动、保存及关闭过程中所包括的步骤。

内存的容量与计算机性能关系很大。如果内存的容量不够，必要的数据无法完全读入内存，在使用过程中则会发生频繁访问硬盘的情况，导致运行速度降低。对于DAW

图2-3　SODIMM内存

软件，为了提高软件运行的稳定性，内存还会用于硬盘数据的缓存。推荐使用16 GB或更高的内存容量。

3.硬盘

硬盘（Hard Disk Drive，简称HDD）为计算机系统的二级存储器，其容量大，关机后数据可以保存，但是访问速度较慢，适合长时间保存数据。所谓安装软件的过程，就是将软件数据存放至硬盘的过程。硬盘包含以下参数：

（1）容量

典型硬盘存储容量为500 GB至4 TB（4000 GB）或更高。对于音频处理系统的计算机，硬盘容量越大越好。具体容量需求可以参考以下数据：1首4分钟CD质量音乐约40 MB；1张无损压缩音乐专辑约350 MB；1小时高质量立体声录音约1 GB；1首歌曲的多轨录音工程约4 GB；1场音乐会现场录音约20 GB。

（2）机械硬盘与固态硬盘

机械硬盘使用高速旋转的盘片存储数据，然后使用盘片上的磁头对数据进行读写。机械硬盘存储密度高、容量大、成本低。但是受机械结构限制，访问速度较慢（持续访问速度约200 MB/秒，随机访问速度更慢），工作时应避免振动。机械硬盘适合存储不经常访问的数据，例如作为备份硬盘。

固态硬盘（Solid State Disk，简称SSD）使用非易失性存储器，其保存的数据在断电后仍然存留。由于固态硬盘不包含机械活动部分，因此访问速度很快（500 MB/秒或更快）。但是其存储密度较低、容量较小、成本高。固态硬盘适合存储需要经常访问的数据，例如作为系统盘或工程数据盘。

图2-4　机械硬盘内部结构　　　　图2-5　固态硬盘内部结构

（3）硬盘接口

内置硬盘可以通过以下接口与计算机连接：

SATA接口，使用Serial ATA（串行ATA）协议。传输速度最快可达600 MB/秒，可用于机械硬盘或固态硬盘。

M.2接口，使用SATA或NVMe协议。在NVMe协议下传输速度最快可达8 GB/秒，通常用于固态硬盘。

图2-6　SATA接口　　　　　　　　图2-7　M.2接口

外置硬盘的接口请参考以下内容。

4. 扩展卡接口

计算机提供了扩展接口用于连接各种板卡或外置设备，来实现更多的功能。常见的扩展接口有以下三种：

（1）PCI Express

PCI Express接口用于连接内置扩展卡。接口插槽的长度与速度相关，最短的接口为×1接口（图2-8中最下扩展槽），可以连接低速板卡，例如内置音频卡等；最长的接口为×16接口（图2-8中第2、4、6扩展槽），可以连接高速板卡，例如显示卡。其他速度还包括×4（图2-8中第1扩展槽）、×8（图2-8中第2、5扩展槽）等。

PCI Express为内置接口，连接稳定，性能高（PCI Express 4.0×16最

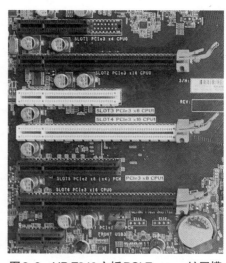

图2-8　HP Z840主板PCI Express扩展槽

高速度约为64 GB/秒）。但是更换不方便，适合不频繁插拔的设备，包括显示卡、内置音频卡（图2-9）、内置DSP加速卡（Universal Audio UAD-2）及网络音频卡（YAMAHA AIC-128D）等。

图2-9　Avid Pro Tools HDX音频卡，使用PCI Express×4接口

（2）USB

USB（Universal Serial Bus，通用串行总线）接口用于连接外置设备。按照接口的代次和速度包含以下版本：

USB 1.0提供最高1.5 MB/秒（12 Mbit/秒）的传输速度，常用于键盘、鼠标、MIDI接口、软件加密狗（图2-10）等设备。

USB 2.0（High Speed）提供最高60 MB/秒（480 Mbit/秒）的传输速度，常用于早期外置硬盘、外置光驱、声卡等设备。

USB 1.0及2.0接口使用图2-11形式的接口，标准颜色为白色，图中A为计算机端接口，B为设备端接口。

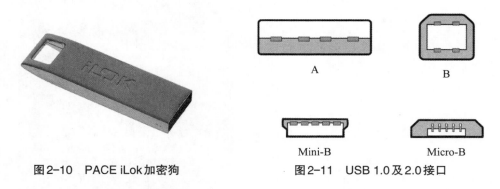

图2-10　PACE iLok加密狗　　　　　图2-11　USB 1.0及2.0接口

USB 3.0（Super Speed）提供最高625 MB/秒（5 Gbit/秒）的传输速度，常用于连接外置硬盘及多通道声卡（图2-12）等设备。其最新的USB 3.2版

本提供最高2.4 GB/秒（20 Gbit/秒）的速度。

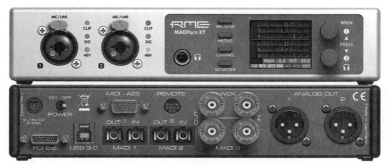

图2-12　RME MADIface XT声卡

　　USB 3.0接口有两种形式。图2-13所示的USB 3.0接口向下兼容USB 1.0及USB 2.0，标准颜色为蓝色，图中A为计算机端接口，B为设备端接口。

A　　　　　　　　　B　　　　　　　Micro-B

图2-13　USB 3.0接口

　　USB 3.0接口的另一种接口形式为USB Type-C（图2-14）。USB Type-C统一了电脑端与设备端的接口，避免了不同接口使用不同线缆的问题。USB Type-C接口的上下两端形状一样，连接时不需要区分接口的正反面。同时该接口还包含其他协议，例如DisplayPort等，可以使用一根线同时传输多种协议的数据。图2-15为采用USB Type-C的Steinberg UR22C声卡。

图2-14　USB Type-C接口　　　　　图2-15　Steinberg UR22C声卡

（3）雷电

雷电接口（Thunderbolt），又叫雷霆接口，是一种基于PCI Express的外置接口。目前常用的版本为雷电2与雷电3。雷电2使用Mini DisplayPort接口（图2-16），提供2.5 GB/秒

图2-16　Apple MacBook Pro雷电2接口

（20 Gbit/秒）的传输速度；雷电3使用USB Type-C接口（图2-17），提供5 GB/秒（40 Gbit/秒）的传输速度。雷电接口提供了丰富的外置设备，包括移动硬盘、声卡（图2-17），甚至包括PCI Express扩展箱。这种扩展箱内可以安装PCI Express扩展卡，使内置PCI Express扩展卡以外置设备形式使用。

图2-17　Universal Audio Arrow声卡

由于雷电接口与Mini DisplayPort接口及USB Type-C接口具有同样的物理接口，且其协议中包含DisplayPort及USB传输协议，因此需要配合接口旁边的图标来确认其真实类别。

"|□|"为Mini DisplayPort图标，该接口只能连接显示器，不能连接雷电设备。

"⎓"为USB图标，该接口可以连接USB Type-C设备，部分接口也可以连接显示器，但是不能连接雷电设备。

"⚡"为雷电图标，该接口可以连接雷电设备、USB Type-C或显示器。

二、声卡

声卡（Sound Card或Audio Card），又称音频卡或音频接口（Audio Interface），用于计算机输入、处理及输出音频信号。大多数计算机会提供板载声卡，用于播放操作系统提示声音等要求不高的场合。但是用于音乐制作或录音等专业音频工作时，计算机就需要配备额外的声卡来满足这些工作对音质及性能的要求。

1. 声卡与计算机的连接方式

声卡既可以内置也可以外置。内置声卡（图2-18）通常使用PCI Express接口安装于计算机内部，适合台式计算机安装。内置音频卡运行稳定，但是由于计算机内部电磁环境非常复杂，内置音频卡的音质可能会因此受到影响，所以内置音频卡在设计时需要做好合理的屏蔽处理来保证其音质。

图2-18　RME HDSPe AIO内置声卡

外置声卡（图2-19）通常使用USB或雷电接口与计算机相连接。由于声卡放置在计算机外部，因此其功能及性能完全可以根据不同的需要进行设计。外置声卡可以提供数量众多的音频通道（图2-12所示RME MADIface XT声卡提供了196路输入通道和198路输出通道），且自带话筒放大、监听控制甚至效果处理等功能（图2-17所示Universal Audio Arrow声卡提供了硬件DSP加速的音频处理效果器）。外置声卡不会受到计算机内部电磁干扰，因此其性能指标可以做得很高。最后，外置声卡既可以配合台式计算机在工作室使用，也可

图2-19　RME Babyface Pro FS外置声卡

以配合笔记本电脑外出录音，使用非常灵活。但是外置声卡使用USB或雷电接口，其稳定性稍逊于内置声卡，在安装、配置及使用时需要注意。

　　还有一些声卡则使用内置扩展卡与外置接口箱配合的方法来达到音质、功能及稳定性的平衡点（图2-20）。这种声卡将数字处理部分做成PCI Express扩展卡插在计算机内部，而音频部分则做成扩展箱放置于计算机外部，扩展卡与接口箱使用连接线相连。这种声卡稳定性可以与内置音频卡相媲美，还可以根据自己的需要灵活搭配外置扩展箱。当然声卡接口的成本比较高。

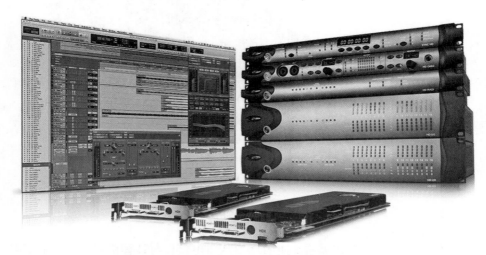

图2-20　Avid Pro Tools HDX数字音频工作站系统

　　2. 外置声卡使用注意事项

　　由于声卡接口提供了强大的性能、灵活的使用及丰富的厂商型号选择，现在已经成为主流的声卡。但是由于外置声卡与计算机的其他设备共用USB及雷电等接口，在选择、安装、配置及使用外置声卡时需要注意以下几点：

　　（1）接口转换

　　USB接口与雷电接口都有不同的代次。如果计算机与外置声卡的代次不一致，则可能需要使用转接线才能实现连接。请参考厂商的支持信息，确认外置声卡是否与某些转接线不兼容。

　　（2）主控芯片

　　USB接口的主控芯片可以来自不同厂商，例如Intel、Fresco Logic、

Renesas及TI等等。不同厂商的主控芯片对不同外置声卡的兼容性会有所差别。请参考厂商的支持信息，确认外置声卡是否与某些USB主控芯片不兼容。

（3）避免使用USB集线器

重要的设备（例如声卡、外置硬盘等设备）请直接连接到计算机的USB接口，避免使用USB集线器（USB Hub）。USB集线器对于键盘、加密狗等对带宽不敏感的设备影响不大，但是对于声卡、外置硬盘等高带宽需求设备来说，不仅存在带宽共用问题，有可能还会导致设备供电不足。

（4）端口带宽共享

计算机虽然提供若干个USB接口，但是这些USB接口不一定完全相同。有些USB接口直接连接至USB根集线器（USB Root Hub），而有些USB接口则在计算机内部使用了USB集线器与蓝牙等设备共用USB接口。因此，请查看设备管理器（Windows）或系统报告（macOS）来确保外置声卡直接连接到USB根集线器，而不要与其他设备共用USB接口，这样可以保证外置声卡能够得到足够的独占带宽，确保其高速、稳定的工作。

用户可以在连接外置声卡前，先使用U盘或鼠标等设备检查计算机提供的USB接口是否直接连接到USB根集线器。找到了合适的USB接口后做好标记，每次连接外置声卡时仅使用该接口。

例如图2-21所示的USB接口连接中，USB外置硬盘（大容量存储设备）直接连接到了USB根集线器，而iLok通过通用USB集线器与其他两个USB设备共同连接至USB根集线器。因此，建议外置声卡连接至USB外置硬盘

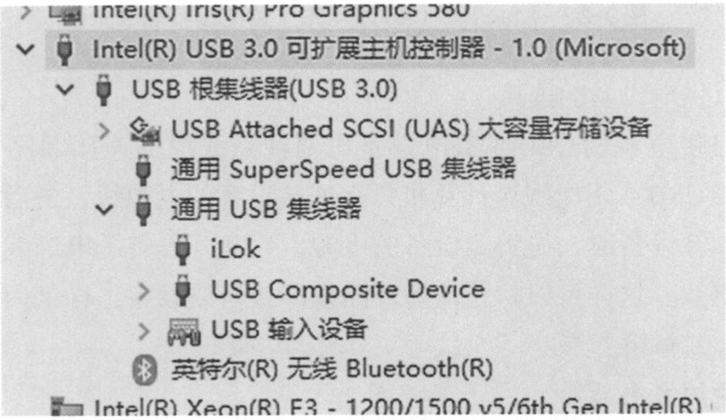

图2-21 Windows设备管理器中USB设备连接

所使用的USB接口，而不要连接至iLok所使用的USB接口。

雷电接口也存在共享带宽的情况，请参考厂商的支持信息，确认外置声卡没有与其他设备连接在同一个雷电总线上。例如Mac Pro（2013年末）6个雷电接口的总线共用情况如图2-22所示。如果使用HDMI显示器，则建议外置声卡连接至接口1，并保持接口3空闲。外置硬盘或其他雷电设备连接至接口2或4，如果仍然有需要连接的雷电设备，再使用接口5或6。

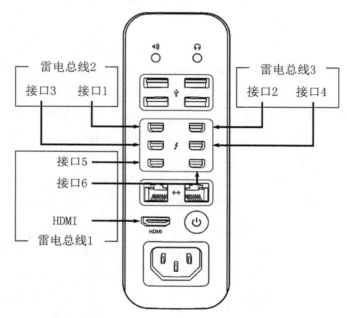

图2-22　Mac Pro（2013年末）雷电接口总线分配

（5）自供电设备的连接

对于自带电源的USB或雷电设备也要注意线缆的连接顺序：连接设备时，先连接USB或雷电线至计算机，再连接设备的电源线，最后再打开设备的电源；断开设备时，先关闭设备的电源，再断开设备的电源线，最后拔出USB或雷电线。这样可以防止接地环路损坏接口或设备，详细内容请参考第三部分第十二章第二节。

3.声卡的主要功能

不同的声卡提供了不同的功能，但是所有功能都可以分成以下四类：

（1）模拟与数字信号转换

由于计算机仅仅能够处理数字化信息，因此声卡能够将来自输入设备的模拟信号转换成数字信号送入计算机处理，处理后的数字信号也要重新转换成模拟信号送给输出设备才能听到声音。这是声卡最基本也是最重要的功能。

实现转换的部分由模数转换器（Analog to Digital Converter，简称ADC）或数模转换器（Digital to Analog Converter，简称DAC）芯片配合周边电路完成。计算机的板载声卡使用集成度很高的音频编码解码芯片（Coder-Decoder，简称CODEC）来完成同样的功能，因此其音质及性能会有所妥协。专业声卡则使用独立的ADC及DAC芯片以及优良的周边电路，配合专用集成电路（Application Specific Integrated Circuit，简称ASIC）或现场可编程门阵列（Field-Programmable Gate Array，简称FPGA）等芯片与计算机连接，满足了专业音频工作对音质及性能的需要。部分厂商甚至将ADC与DAC分别做成不同型号的声卡来达到极致的音质。如图2-23所示的RME ADI-2 DAC仅仅提供数字转模拟的音频输出功能。

图2-23　RME ADI-2 DAC声卡内部照片（右侧中间最大的正方形芯片为FPGA，其左侧较小正方形芯片为DAC）

虽然ADC与DAC芯片是声卡的核心之一，有些厂商在宣传自己的产品时也强调ADC和DAC芯片的型号，但是其周边电路仍然不可以忽略。这就意味着使用同样ADC或DAC芯片的不同声卡，其音色及音质也可能会不同。

请不要盲目相信这些宣传，最好亲自进行试听及比较。

（2）与DAW软件交换数字音频信号

当声卡将音频信号转换为数字信号后，这些信号会通过不同的协议与DAW软件交换。适用于DAW软件的协议包括ASIO（Audio Stream Input/Output，音频流式输入/输出）与Core Audio。

ASIO协议为Windows系统下使用最广泛的协议。ASIO是由Steinberg公司开发的高音质、低延迟协议。该协议允许DAW软件绕过Windows系统中的所规定的中间层协议，使DAW软件可以直接访问声卡，借此达到高音质及低延迟。相对于Windows下Direct Sound大约50～100毫秒的延迟，ASIO可以实现6毫秒甚至更低的延迟。同时由于音频数据不受Windows自身的音量控制及其他音频处理的影响，因此DAW软件可以得到来自声卡最准确的数据。

Core Audio协议为macOS下使用最广泛的协议，是由Apple公司开发的协议，允许DAW软件以高音质、低延迟的方式访问声卡。

以上两种为最常见的协议，并且被大多数DAW软件厂商支持。因此在选购声卡时需要确保声卡支持ASIO及Core Audio协议，否则该声卡无法在DAW中使用。

（3）话筒放大

来自话筒的信号往往电平很低，无法直接用于模数转换，因此需要提前放大至一定程度后，再送至ADC芯片进行转换。这个部分就是话筒放大部分。如图2-24所示，该声卡左侧一半为话筒放大部分，提供了两通道话筒放大功能。

该部分可以选择话筒或线路输入（Line、Hi-Z），调整话筒放大的增益（Gain），是否需要给话筒供电（+48 V）等功能。本章节后会在录音流程中介绍外置声卡中话筒放大部分的基本操作。更详细的介绍详见第三部分第九章第三节。

（4）监听控制

声卡输出的信号会根据不同需求送至不同的设备，并对其进行独立的音量控制。这个部分就是监听控制部分。如图2-25所示，该声卡中间及右侧即为监听控制部分。

在录音时，演员需要使用耳机用于返听；同时，录音师需要使用监听

图2-24　SSL 2+声卡

图2-25　Steinberg UR28M声卡

音箱用于监听。这时带有监听控制部分的声卡就可以同时连接耳机及监听音箱，并根据不同的需求进行声音的控制及处理。本书会介绍外置声卡中监听控制部分的基本操作。（详见第一部分第三章第一节）

（5）其他功能

上述四个功能为声卡所提供的基本功能。具备这些功能的声卡即可满足个人工作室的要求。当然声卡还可以包含更多的功能，这些功能如下：

第一，更多的设备连接能力。除了基本的话筒输入及音频输出以外，部分声卡提供了数字音频、MIDI及控制器等接口，方便用户连接其他音乐制作及录音相关设备。例如图2-26所示的RME Fireface UFX II声卡提供了话筒输入、乐器输入、耳机输出、模拟线路输入及输出、数字音频输入及输出、MIDI输入及输出以及USB存储设备录音接口等。

图2-26　RME Fireface UFX II声卡

第二，音频输入输出矩阵功能。由于声卡能够提供种类众多的输入输出接口，因此其软件部分往往包含音频输入输出矩阵功能。该功能可以根据用户的需要将某一音频输入或软件回放的信号送至任意接口输出。（图2-27）

第三，硬件DSP效果处理。部分声卡提供了基于硬件DSP的效果处理功

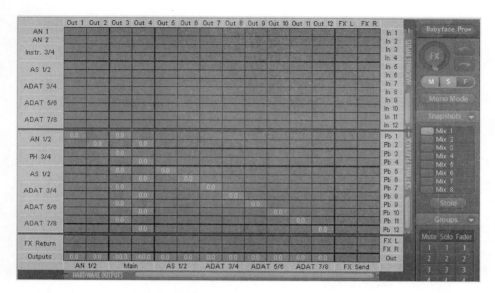

图2-27　RME Babyface Pro声卡的矩阵窗口

能，能为音频信号的处理提供众多的经典效果器模拟，且不需要占用计算机的资源。（图2-28）

三、声卡配置

根据不同软件及不同声卡的要求，安装及配置声卡的过程可能会很简单，也可能会很复杂。现在将可能遇到的情况在此说明一下。

1. 请先阅读说明书

声卡的安装及使用过程均会在说明书中说明。随着各个厂商环境

图2-28　Universal Audio Apollo Twin MKII声卡内部照片，内置四块DSP芯片

保护意识的提升，纸质说明文件从若干本说明书渐渐变成了一张A4纸甚至卡片。这就要求大家务必仔细阅读仅有的纸质材料，了解和声卡相关的重要信息。

说明书通常可以分为快速使用指南（Quick Start Guide）和使用说明（User Manual）两部分。通常只需阅读快速使用指南即可。因为快速使用指

南包含了安装及配置声卡所需的必要过程。这些过程通常会包括以下三个方面：

（1）驱动程序的位置

部分声卡不需要驱动程序，部分声卡需要单独安装驱动程序，而部分声卡的驱动程序则随配套的软件一同安装。驱动程序和相关软件曾经以光盘形式随声卡附带，而现在大多数情况需要去网上自行下载。建议大家前往快速指南所提供的网站，根据自己计算机的软件版本等信息，下载合适的驱动程序。虽然最新的驱动程序包含了功能和问题的更新，但是要确保最新的驱动程序适合目前计算机所运行的软件环境。

（2）声卡与其他设备的连接

声卡不仅要和计算机进行连接，也要和话筒、音箱及耳机等其他设备进行连接。快速指南包含了连接这些设备的方法，不熟悉设备的初学者可以了解基本的设备连接，而有经验的用户可以了解如何充分利用声卡。

（3）安装流程

不同声卡的安装过程会不一样。有些声卡要求安装好驱动后再连接声卡；而有些声卡则需要先进行连接再安装驱动；还有些声卡会在安装驱动的过程中提示何时连接声卡。具体的安装顺序会在快速使用指南中提及，请严格按照厂家要求的顺序进行操作。

快速使用指南中往往也包括了一些其他信息，例如声卡及其附带软件的简单使用说明等。大家在完成安装后可以根据这些信息对声卡进行简单功能检查及使用。具体的操作及更详细的信息可以参考使用说明。

2. 声卡的软件部分

声卡相关的软件部分包括设备驱动程序、设备控制面板及控制软件三个部分。

（1）设备驱动程序

设备驱动程序，简称驱动，是用于操作或控制连接到计算机的特定类型设备的计算机程序。任何计算机硬件都需要驱动才能工作。部分设备按照某一标准进行设计及制造，使得该硬件靠操作系统自身提供的驱动就可以正常操作。这类设备叫做USB类别兼容设备（USB Class Compliant），例如U盘、鼠标等设备。

但是如果某种硬件设备提供了更多的功能，例如声卡提供了更多的通道及效果处理等功能时，则需要安装由厂商提供的设备驱动程序。这些驱动不仅能够让额外的功能得以使用，而且专门为硬件优化过的驱动也比操作系统自身所提供的驱动更加稳定及高效。建议大家确认所使用的声卡是否需要来自厂商的驱动。

　　驱动程序是声卡能够正常工作的重要因素。所以不要仅仅依靠声卡本身的指示灯或显示屏来判断，而是一定要在操作系统中的设备管理器（Windows）或系统报告（macOS）中看到该设备，并且其图标无感叹号或问号，同时驱动信息中显示了正确的厂商及版本信息才可以正常使用。（图2-29）

　　（2）设备控制面板

　　设备驱动程序安装后往往并不会被用户直接看到。如果需要对设备的基本参数进行设置，则需要使用设备的控制面板。

　　设备的控制面板可以在以下几个位置找到：操作系统的控制面板（Windows）或系统偏好设置（macOS）；操作系统的任务栏图标；DAW软件中的特定页面。其界面可能比较简单，但提供的信息往往都是比较重要的，包括缓冲区大小设置、接口模式配置以及一些信息显示等。（图2-30）

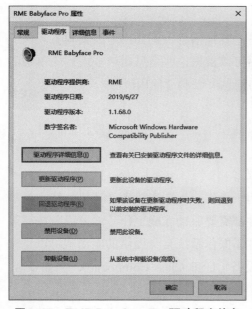

图2-29　RME Babyface Pro驱动程序信息

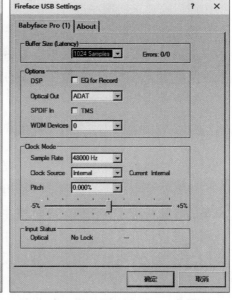

图2-30　RME Babyface Pro控制面板

设备控制面板中的设置跟声卡的稳定工作有关。默认的控制面板参数完全可以满足使用要求，但是参数的细微调整会使声卡适应不同的软件以及不同的工作场合。具体设置信息将在下文介绍。

（3）控制软件

控制软件则提供了比设备控制面板更丰富的功能，例如声卡的通道控制、效果处理控制及音频矩阵设置等。控制软件可以以图标形式存在于任务栏，也可以直接以软件形式独立存在。不同厂家也为其控制软件进行有特色的命名。例如RME的TotalMix FX（图2-31）、Universal Audio的Apollo Console及Apogee的Maestro等，其界面也比较华丽丰富。

图2-31　RME TotalMix FX

声卡的控制软件往往与DAW软件配合使用，具体操作信息将在第三章第一节中介绍。

3. DAW软件相关设置

当声卡能够正常工作后，就需要在DAW软件中选择该声卡并进行设置。这些都是在第一次使用软件时进行设置的，以后再使用时不需要重新设置，或者只需选择配置文件即可恢复。设置主要包括三个方面：

（1）确保DAW软件和声卡使用ASIO或Core Audio协议

DAW软件为了适应不同层次的声卡，往往会支持不同的协议。对于

Windows系统，我们建议使用ASIO协议。例如图2-32为Cakewalk SONAR软件中的设置界面。

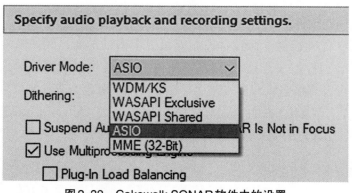

图2-32　Cakewalk SONAR软件中的设置

其次，要确保软件使用了声卡所提供的ASIO协议。这些协议通常都带有声卡的厂商或型号标识，例如ASIO Hammerfall DSP（RME HDSP系列声卡）、Universal Audio Thunderbolt（Universal Audio Apollo雷电声卡）及Apogee USB ASIO Driver（Apogee USB声卡）等。本书会在下一章节介绍常见DAW软件的操作过程。

有些ASIO协议是通过其他协议转换而来，其音质及延迟均不能得以保证。这些协议的名称包括ASIO4ALL、ASIO DirectX Full Duplex及Generic Low Latency ASIO Driver等。请不要使用这些ASIO协议。如果在DAW中无法看到带有声卡厂商或型号的协议，说明声卡不支持ASIO协议或未正确的安装及配置。请确认声卡支持ASIO协议、驱动程序及软件已经按照厂家规定的步骤安装正确。

对于macOS系统，我们建议使用Core Audio协议，并选择以声卡的厂商或型号标识为名称的设备。以Built-in开头的设备为板载声卡，请不要选用。

（2）设置所使用的接口数量

不同声卡能够提供的接口数量有所不同，从仅仅提供1进2出（Steinberg UR12）到多达196进198出（RME MADIface XT），其差距之大难以想象。但是DAW软件为了简化操作，默认使用最常见的2进2出配置。当然在大多数情况下这种配置可以满足要求，但是当声卡数量比较多，功能比较丰富时，就需要用户自行设置。例如使用RME Fireface UFX声卡进行话筒录音时，其

第1路话筒输入在通道9。如果使用DAW软件默认的2进2出配置，则该话筒通道可能不会出现在DAW软件中。

进行该设置前请确认声卡的控制面板或控制软件已经完成端口的设置，然后即可进入DAW软件进行设置。DAW软件对所使用的接口数量设置也是比较灵活的，包括选择使用哪些接口，每个接口也可以进行个性化命名，最后还可以对使用环境下的不同配置进行保存。本书会在下一章介绍常见DAW软件的操作过程。

（3）声卡的缓冲区大小设置

声卡所提供的音频信号以实时流式数据形式与DAW软件进行交换，意味着数据按照一定的速率持续交换并进行处理。如果数据交换的过程发生断续，则会导致声音的断续。但是如今的计算机均使用多任务操作系统，计算机会同时处理多个任务，每个任务仅仅被分配到特定的时间内处理，结果导致音频数据交换及处理过程的中断。为了解决这个问题，声卡使用了一种保护机制来确保其数据交换不受影响。这个方法就是开辟一个数据的缓冲区（Buffer）。来自DAW软件断续的数据先进出缓冲区，声卡则持续访问该缓冲区来交换数据。这样只要保证缓冲区内有数据，对于声卡来说数据就是持续的。

缓冲区的单位为采样点数量，或简称采样（Samples）。常见的设置有128采样、256采样、512采样及1024采样等。缓冲区的大小对音频处理的影响主要在延迟及稳定性两个方面。

如果缓冲区较小，来自计算机的数据不需要排队太长时间即可到达声卡，因此处理声音的延迟时间较短。但是缓冲区较小就意味着计算机要有较快的处理能力，保证缓冲区有足够的数据防止数据中断，因此对计算机的性能要求较高。

如果缓冲区较大，那么来自计算机的数据哪怕比较断续，经过缓冲区后即可整理为连续的数据提供给声卡，此时计算机并不需要足够快的处理能力也能满足需要。但是较大的缓冲区意味着较长的数据排队时间，因此处理声音的延迟时间较长。正因为以上两点，对于不同的工作可能需要不同的缓冲区设置。

录音时，要求话筒拾取到的声音可以及时地通过音箱或耳机返听，因此需要较短的声音处理时间。此时可以使用较小的缓冲区，例如256采样在

44.1 kHz下可以实现5.8毫秒的延迟，但是注意DAW软件中不要使用太多的效果器，防止计算机处理能力达到极限后产生的声音处理断续。

混音时，由于可能会使用比较多的效果器进行声音处理，此时可以使用较大的缓冲区，例如1024采样，这样计算机可以充分安排合适的处理能力来完成混音，即可在DAW软件中使用更多的效果器。虽然较大的缓冲区会带来更长的延迟，1024个采样的缓冲区在44.1 kHz下会产生23.2毫秒的延迟，但是此时仅仅需要DAW软件回放的声音，因此较长的延迟也不会带来严重的问题。

缓冲区通常在声卡的控制面板、控制软件或DAW软件中进行设置，例如图2-30中第一项设置Buffer Size（Latency）即为该项设置。根据DAW软件的不同，改变该设置后可能会要求重新启动DAW软件。

第二节　个人工作室必要设备

本节我们将简单介绍个人工作室所需的必要设备，以及这些设备的连接。这里仅仅介绍一些必备的知识。在本书随后的章节中，我们还会详细介绍每类设备的信息。

一、话筒

话筒，学名传声器，典型的音频输入设备，能够将真实世界由空气振动产生的声音转换为电信号，送入声卡用于后续处理。

常用于个人工作室的话筒有动圈话筒与电容话筒两种。

动圈话筒价格亲民，能够在一般声学环境下使用，音质能满足大部分人声及乐器要求，可以直接手持使用，非常适合个人工作室使用。典型的动圈话筒有Shure（舒尔）SM57、Shure SM58（图2-33）及Audix OM2等。

电容话筒音质更好，但是价格高于动圈话筒，对使用方法及声学环境要求更高，并需要话筒架、防震架及防喷罩等附件配合使用。如果个人工作室具备一定的声学处理，使用电容话筒能够明显提升声音拾取的质量。典型的高性价比电容话筒有Audio-Technica（铁三角）AT4040（图2-34）、AKG C 3000及Audix CX112B等。

图2-33 Shure SM58动圈话筒

图2-34 Audio-Technica AT4040
电容话筒

话筒使用卡侬（XLR）连接线与声卡连接。这种音频线及接口如图2-35所示。卡侬头分为公母两种：母头（图2-35中左侧接头）连接至话筒；公头（图2-35中右侧接头）连接至声卡。

图2-35 卡侬线

卡侬母头带有锁定用的按钮，断开卡侬头需要按下该按钮。因此卡侬头连接非常稳定，是专业音频设备的标准插头。如果话筒的输出不是卡侬口，说明该话筒不能满足专业使用要求，不要使用该话筒；如果声卡上没有提供卡侬口，则说明声卡不具备话筒放大功能，不能直接连接话筒。以上场合请不要使用任何形式的转接线强行进行话筒与声卡的连接，防止设备损坏。

关于话筒的详细内容见第三部分第八章。

二、监听音箱

监听音箱是典型的输出设备，能够将来自声卡的电信号重新转换为真实世界中的空气振动，让我们能够听到声音。监听音箱相对于普通音箱具有更平直的频率响应以及更好的声场定位，能够尽量原汁原味地重放声音。

受限于个人工作室的面积，近场监听音箱是比较合适的选择。监听音箱的尺寸大小通常使用其低音单元的直径来表示。例如5寸监听音箱适合最大约50 m³容积的房间，8寸监听音箱适合最大约90 m³容积的房间。典型

图2-36 Genelec 8030C 5寸
进场监听音箱

的高性价比近场监听音箱有ADAM Audio A5x、ADAM Audio A7x、Genelec 8030C、YAMAHA HS5、YAMAHA HS8等。

监听音箱摆放时需要和听者的耳朵高度一致，音箱的位置与听者形成一个等边三角形，音箱前面正对听者，并且注意音箱附近及音箱到听者之间不要有物体。

由于监听音箱是整个音频系统中的最后一环，因此前面设备发出的任何不正常声音都会由监听音箱播放出来，所以要求大家注意设备的开关顺序，以保护监听音箱的安全。开机时，先打开所有设备，启动计算机，待计算机启动完毕后最后打开监听音箱；关机顺序正好相反，首先关闭监听音箱，然后关闭计算机，最后关闭其他的设备。

监听音箱也会使用卡侬口与声卡连接。除了卡侬口以外，夹克口则是另一种常用的接口。这种接口的接头直径为6.3 mm，有非平衡大两芯（Tip Sleeve，简称TS，如图2-37）和平衡大三芯（Tip Ring Sleeve，简称TRS）两种。（具体区别详见第十二章第一节）

如果遇到声卡的输出接口与监听音箱输入接口规格不一致时，可以考虑使用转接线来完成。最常见的一种情况就是声卡以夹克口输出，而监听音箱以卡侬口输入。此时需要大两芯夹克转卡侬公的音频线（图2-38）进行连接。当然这不是优化的连接方式。（具体内容详见第十二章第一节）

图2-37 大两芯夹克线

图2-38 大两芯夹克转卡侬公音频线

三、监听耳机

如果个人工作室空间有限，或者需要进行录音时，就需要使用监听耳机代替监听音箱。监听耳机以头戴式、全封闭结构居多，这样可以防止在录音时耳机的声音串到话筒中。半封闭和开放式耳机仅能作为回放用的监听耳机，而不能作为录音用的监听耳机。典型的监听耳机有AKG K271、Audio-Technica ATH-M50x、Sennheiser HD300 PRO（图2-39）、SONY MDR-7510等。

图2-39　Sennheiser HD 300 Pro 监听耳机

使用监听音箱和耳机时需要注意合适的监听音量及适当的休息。如果长时间在大音量下监听，听力可能会受到永久性损伤。

四、可选设备

前面所介绍的设备已经能够满足个人工作室的基本使用。下面介绍的设备则可以用于加速工作流程。大家可根据自己的实际情况来选择。

如果声卡仅仅提供了线路输出，并不具备监听控制功能，则需要使用监听控制器来管理监听音箱和耳机。另外，如果个人工作室有条件使用独立的房间用于录音，那么监听控制器所提供的对讲功能是录音师与演奏员沟通的必要功能。常见的监听控制器有Mackie Big Knob Studio（图2-40）。

图2-40　Mackie Big Knob Studio 监听控制器

监听控制器所提供的接口都能够与常见音频设备所兼容，因此大多数情况下只需选择各接口所对应的连接线即可。

使用键盘和鼠标虽然能够完成软件操作，但是对于混音及画音量线等一些操作，使用鼠标就会不太方便且精度不够。此时可以使用控制器（Control Surface）来完成这些操作。

控制器界面类似调音台，提供了不同数量的推子。这些推子与DAW软件中的通道推子同步，方便用户控制及操作。一些控制器甚至可以控制效果器，方便用户准确细致地调整效果器的参数。

控制器根据提供的通道及功能，其价格会差距很大。一般可以根据自己常用的软件及需要的操作来决定。一些DAW软件提供了推荐的控制器，例如Steinberg CC121（图2-41），该控制器为Steinberg Cubase进行优化，提供了1个触摸电动推子及15个旋钮。虽然只提供一个推子，但是对于为一轨人声进行画线来说已经非常合适。剩余的15个旋钮则适合快速调整软件音源及效果器的参数。

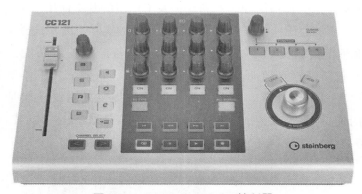

图2-41　Steinberg CC121控制器

一些通用的控制器则提供了更多的推子，并且支持各种DAW软件。当然这种控制器的价格也比较高。例如Avid S1（图2-42），配合iPad提供了额外的显示及触控界面。

控制器可以使用MIDI、USB、有线网及无线网进行连接。其中USB、有线网及无线网都可以与计算机进行直接连接，而MIDI接口则建议使用声卡所提供的MIDI接口。如果声卡没有提供MIDI接口，建议选用知名厂商提供的USB MIDI接口进行连接。避免使用无名厂商所生产的USB转MIDI线，防止连接不稳定的情况发生。

在这里需要强调的是选购控制器时一定要选择提供触摸电动推子（Touch-sensitive Motorized Fader）的控制器。电动表示推子会根据已经画好的线或者软件的操作同步移动；触摸表示推子能够识别是否有人手在控制推子。如果缺少电动，那么软件中的参数改变不会在控制器上体现；如果缺少触摸，那么软件无法知道你是否在推推子，也就无法进行画线的更新。以上两个操作都是在录音混音过程中所必需的。

图 2-42　Avid S1 控制器

以上就是个人工作室中常见的设备及其基本知识。在下一章中，我们会以 Avid Pro Tools 软件为例，详细介绍以上设备的使用及注意事项。

第三章
个人工作室录音流程

本章我们将以 Avid Pro Tools 软件为基础，配合 Universal Audio Apollo Twin MKII QUAD 雷电声卡，以伴奏音乐与人声独唱为例，详细分析工作流程，并对其中所涉及的知识进行介绍。在本书随后的章节中，大家可以找到每个知识点更详细的介绍。

Avid Pro Tools 为 Avid 公司推出的 DAW 软件，提供了音乐制作、录音混音及后期制作等功能，由于其硬件支持丰富、操作简单、功能强大，已经成为业界录音软件的标准。Pro Tools 软件既可以使用 Avid 自有的 HDX 音频接口系统，也可以使用第三方声卡。其差别在于 HDX 提供了混音及硬件 DSP 效果处理。对于个人工作室而言，使用第三方声卡更加经济实惠。

图 3-1　Avid Pro Tools 数字音频工作站软件

根据不同的用户需要及提供的功能差别，Avid 将 Pro Tools 分 为 Pro Tools Intro、Pro Tools Artist、Pro Tools Studio 和 Pro Tools Ultimate 共四个版本。Pro Tools Intro 虽然是免费版本，但其功能限制太多。其余三个版本主要差别详见下表：

表3-1　Pro Tools版本比较

	Pro Tools Artist	Pro Tools Studio	Pro Tools Ultimate
音频轨	32	512	2048
最多同时录音输入	16	64	256（Core Audio、ASIO） 192（HDX） 64(HD Native)
MIDI轨	64	1024	
乐器轨	32	512	
辅助轨/文件夹轨	32/32	128/128	1024/1024
视频轨	无	1	64
自带插件	Artist套装	完整制作套装	
多声道混音	仅立体声	立体声、环绕声、Dolby Atoms、Ambisonics	
价格	9.99美元/月	29.99美元/月	99.99美元/月

Universal Audio Apollo Twin MKII QUAD为Universal Audio公司推出的外置声卡（图3-1）。该声卡使用雷电2接口，带有话筒放大、硬件4核心DSP效果处理、监听控制、对讲等功能。

录音过程根据不同的情况也会有不同的操作，但是其必须包含的流程却是相同的。我们首先介绍一下个人工作室录音中典型的步骤。

图3-1　Universal Audio Apollo Twin MKII QUAD外置雷电声卡

第一节　设备连接

在进行其他任何步骤前的第一步就是对设备进行连接。正确的设备连接保证了录音过程的顺利进行，同时也保证设备以最佳的状态工作。如果将该步骤穿插在整个录音流程中，不仅会浪费宝贵的时间，而且连接设备时可能产生的噪声会影响设备甚至人耳。

本节主要关注音频设备之间的连接，因此请先确保计算机与声卡已经连接好，音频接口的驱动程序已经安装且配置完毕，Pro Tools软件已经购买、激活并安装完成。同时，录音用的话筒及监听用的耳机也准备就绪，可以用于随后的连接及使用。Apollo Twin MKII声卡的接口如图3-2所示。

图3-2　Universal Audio Apollo Twin MKII声卡面板示意

我们首先连接监听耳机至声卡的耳机输出插口，该输出位于声卡的前面板，带有"⌒"图标。这是一个立体声大三芯夹克接口，监听耳机接头如果为大三芯夹克接头，可直接插入该插口；如果接头为小三芯迷你夹克插头，则无法直接插入耳机插口，需要使用转接头将其转换为大三芯夹克接头再插入耳机插口。

每个设备连接完毕后我们都需要进行检查，以确保设备连接及工作正常。对于监听耳机来说，我们可以播放计算机中的一段音频文件进行测试。对于第一次使用的设备，由于我们无法估计合适的音量，为了保护自己的耳朵及设备，我们必须先关闭耳机音量，然后播放音频文件，最后慢慢打开耳机音量，来确保合适的音量设置。

首先连续按动声卡面板上"MONITOR"按钮，直到旋钮右侧电平表下的"HEADPHONE"点亮，此时旋钮外圈的LED指示灯就是当前耳机的音量。逆时针旋转，直到所有的LED指示灯都熄灭，然后开始在计算机中播放音频文件。如果计算机及播放软件设置正确，"HEADPHONE"上方的电平表开始跳动，表示耳机输出接口已经收到信号。此时戴上耳机，慢慢旋转旋钮，如果耳机连接及工作正常，我们就可以听到声音；如果没有听到声音，或声音不正常，请检查耳机、接头及计算机相关设置。

至此，监听耳机的连接已经完成。以后当我们需要调整监听耳机的音量时，只需确保"HEADPHONE"点亮后旋转旋钮即可。

现在我们开始连接话筒。连接前首先关闭耳机的音量。因为在连接设备及设置参数的过程中会产生一定的噪声。关闭耳机音量有助于保护自己的耳朵及耳机。严格来说，在进行任何的设备连接前，我们都建议关闭监听音箱或耳机的音量。

首先使用卡侬线连接话筒与声卡。注意卡侬线的两端接口是不一样的。我们将卡侬线母头的一端连接至话筒的卡侬输出口，卡侬线公头的一端连接至声卡的"MIC/LINE 1"接口。

连接完成后，我们准备开始检查话筒连接是否正确。首先连续按动声卡面板上"PREAMP"按钮，直到"MIC"及"CH1"点亮。此时的旋钮及按钮用于控制声卡的第一通道话筒放大部分。如果使用的话筒为动圈话筒，则可以直接跳至下一步进行增益调整；如果使用的话筒为电容话筒，则按下下方第三个"+48 V"按钮，打开幻象电源为话筒供电。当"+48 V"指示灯闪烁完毕并变亮时，表示幻象电源已经打开，声卡已经向话筒提供48 V的电源。然后按下"MONITOR"，将耳机音量调整为播放音频文件时的数值。接着开始对着话筒讲话，按下"PREAMP"按钮，并慢慢旋转旋钮，如果话筒的连接及工作正常，当旋钮拧到一定位置后就能够听到声音了。此时可以打开Apollo Console进一步检查电平。正常显示如图3-3所示。

图3-3　Apollo Console检查话筒界面

当旋钮控制话筒放大部分时，该旋钮的用途为话筒增益，用于控制送入计算机的话筒信号的电平高低。话筒增益设置对于录制高质量的声音是非常关键的。如果增益过低，录音后再提升音量会导致声音底噪的增加；如果增益过高，录制的声音会产生过载，即"破音"，后期无法修复。根据数字音频及DAW软件的特点，我们建议调整话筒增益时查看话筒通道的电平表，当演奏员正常演奏时，电平表在−18 dB左右跳动，尽量不要超过−12 dB，最大不能超过−3 dB。

如果话筒没有声音，可以简单进行一下检查：Apollo Console中"ANALOG 1"通道最上方话放部分显示绿色"MIC"字样；其右侧的增益旋钮已经打开至一定程度；对于电容话筒，红色"48 V"已经点亮；下方"MUTE"按钮不要点亮；推子放置在0 dB位置；电平表应该随着声音跳动。

注意此时话筒增益已经打开，幻象电源也已经按需要打开。此时不应该直接断开话筒的连接，否则会发出噪声，甚至可能损伤自己的耳朵及耳机等设备。如果需要断开话筒的连接，请首先关闭耳机音量，然后将话筒增益逆时针拧至最低，最后关闭"+48 V"幻象电源。此时才可断开话筒和声卡的连接。

至此，我们已经完成设备的连接，并确认设备已经工作正常。此时可以进入下一步骤，对DAW软件进行首次使用设置。

第二节　DAW软件首次使用设置

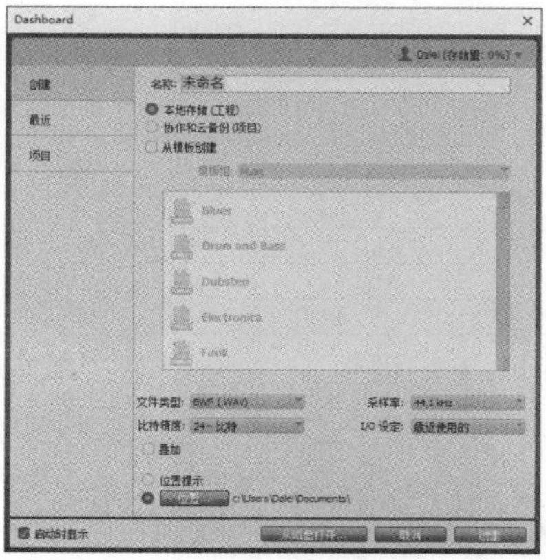

图3-4　Dashboard窗口

DAW软件在第一次使用时会以一个相对通用的配置启动。对于录音来说，我们可以对软件的一些参数进行设置，使其更适合录音。这些设置仅仅需要进行一次设置后即可保存。再次录音时可不需要此步骤。

Pro Tools启动完成后会显示"Dashboard"窗口（图3-4），包含了常见的启动任务，例如新建或打开工程等。由于我们现在进行首次使用设置，因此请先关闭该窗口。

由于Pro Tools软件版本不同，本书中的截图可能会与读者所使用的软件有少许差异。我们尽量保证本书中所提到的设置均为各个版本的通用设置。

我们首先设置声卡协议相关的设置，Pro Tools中该设置在"播放引擎"（Playback Engine）窗口中。单击"设置"菜单中的"播放引擎"，打开设置窗口，如图3-5所示。我们将依次解释需要设置的参数及其用途。

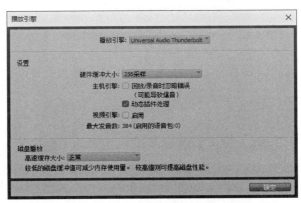

图3-5　播放引擎窗口

播放引擎：使用此下拉菜单可选择Pro Tools所使用的声卡。本例中选择"Universal Audio Thunderbolt"，即Apollo Twin MKII声卡所提供的ASIO协议。建议该选项不要选择"Windows音频设备"，以避免Pro Tools使用计算机的板载声卡。

硬件缓冲大小：该选项设置声卡的缓冲区。对于录音，建议使用256采样；对于混音，可以使用1024采样。部分声卡可以直接在此进行选择并设置。对于Apollo Twin MKII声卡，该选项需要进入Apollo Console的MENU、VIEW、Settings设置界面，并在Hardware页面中的BUFFER SIZE进行设置（图3-6）。建议设置该选项时确保Pro Tools软件并未启动。正确设置BUFFER SIZE后，Pro Tools软件中的"硬件缓冲大小"会显示同样的数值。

至此，播放引擎窗口设置完毕。

由于Pro Tools的快捷键组合与中文Windows系统的快捷键组合存在冲突，导致部分快捷键无法在Pro Tools中使用，建议中文Windows用户在"控

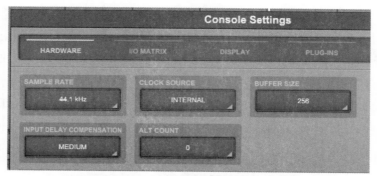

图3-6 Apollo Console 的 Console Setting 窗口

制面版"的"区域"设置中将"格式"调为"英语（美国）"来解决。英文Windows用户无需进行此项设置。

第三节　DAW软件录音前准备

以下操作是每次进行录音前的设置，其往往和录音时所使用的设备及录音的方法有关，而且大部分DAW软件可以对这些设置进行保存，再次录音时只需根据选择快速读取设置即可恢复。另外，该步骤也包括录音所需的相关音频文件操作。

图3-7　Pro Tools 工程文件夹文件列表

正式开始录音前，我们需要进行关于工程的准备工作。工程（Session）为本地硬盘的一个文件夹，该文件夹里包括了一首歌曲中所包含的MIDI轨道、音频轨道、调音台及其他设置等不同类型的文件，图3-7所示为典型的Pro Tools工程文件夹结构。

其中，Nothing Compares为工程文件（扩展名.ptx），包含了工程所需的大部分信息。

Audio Files文件夹中的文件为录音及处理所生成的音频文件，该文件夹中的文件虽然可以使用常见的音频播放软件来直接播放，但是其往往是工程中的一轨或一个片段。

Bounced Files文件夹中的文件为并轨输出的两轨立体声音频文件，该文件可以直接用于播放及收听。

Clip Groups文件夹包含导出的片段组音频文件。

Session File Backups文件夹中的文件为自动备份工程文件，可在此文件夹中找到按不同时间自动保存的工程文件。

Video Files文件夹包含工程中所需的视频文件。

WaveCache为音频文件的波形显示缓存文件。如果发现波形显示与听感有差异，可以删除该文件后再打开工程文件，让Pro Tools重建波形显示。

使用特定的文件夹结构来管理工程中所需的文件可以简化工程文件的携带问题。只需携带工程文件夹就可以确保工程所需的文件都已经携带。同时，为了保证所有文件及文件夹结构不被改变，建议不要单独更改工程文件夹中的文件。需要更改时请在Pro Tools软件中更改。

每次开始新的歌曲录音的第一步就是新建工程。Pro Tools软件在新建工程的过程中，会建立一个以用户输入内容为名称的文件夹，因此，大家只需在新建工程时直接输入名称即可，无需单独建立文件夹，其他的工作完全由Pro Tools完成。

新建工程由"Dashboard"窗口完成，如图3-8所示。该窗口默认情况下会在启动Pro Tools后显示。如果已经打开过一些工程，则该窗口会停留在"最近"选项，请单击"创建"显示新建工程的窗口。该窗口也可以使用"文件"菜单中的"新建"命令或者快捷键"Ctrl +N"（Windows）/"Command+N"（macOS）打开。其具体步骤如下：

图3-8　Dashboard窗口

名称为工程的名称，也是工程文件夹的名称。名称用于识别和区分不同的工程，因此，请不要使用默认或无意义名称，例如"未命名""111111""asdfasdf""hhhhhhhh"等难以识别和区分的名称。本书建议以"日期+识别"方式，如"20200202人声录制"等。

确保选中"本地存储（工程）"。

文件类型请选择"BWF（.WAV）"以实现最佳兼容性。

比特精度请选择"24-比特"以提升信号处理的幅度余量。

采样率请选择"48 kHz"，44.1 kHz主要用于兼容CD等传统媒体，现在使用48 kHz已经没有兼容性问题。

I/O设定请选择"立体声混音"，此时Pro Tools会使用声卡所提供的输入输出端口。

"叠加"复选框请勾选，保证立体声音频文件不会被拆成两个单声道音频文件，方便文件管理。

"位置"建议在第一次使用时进行设置。推荐在另一块硬盘上建立一个文件夹专门存放Pro Tools工程文件。本例中即在D盘下建立Sessions文件夹。每次Pro Tools新建工程时会自动保存至该文件夹。

以上选项确认无误后即可单击"创建"来完成新建工程。创建完成后，Pro Tools就会显示如图3-9所类似的界面布局。

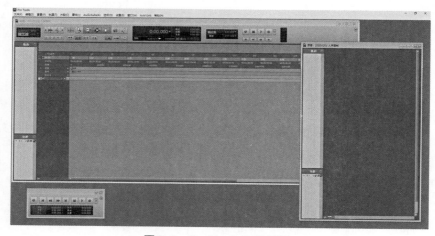

图3-9　Pro Tools工程界面

Pro Tools包含了两个重要的窗口：

"编辑"窗口显示了工程所包含的轨道、轨道内容及编辑工具。需要对音频剪辑时会在该窗口操作。该窗口特点为带有时间显示窗口及时间标尺。

"混音"窗口显示了效果器、发送通道及通道推子等控制工具。需要进行声音调整时会在该窗口操作。该窗口特点为类似调音台的显示。

Pro Tools中大部分操作均在这两个窗口中完成。用于显示及切换该窗口的快捷键为"Ctrl+="/"Command+="。如果这两个窗口中的一个或两个被关闭，也可以用该快捷键重新恢复显示。

界面中还有一个窗口为走带控制窗口（图3-9左下角小窗口），该窗口用于控制Pro Tools的走带模式，例如录音、回放及停止等。显示及关闭该窗口的快捷键为"Ctrl+数字键盘1"/"Command+数字键盘1"。

由于Pro Tools允许关闭所有的窗口，但是仍然能保持工程打开，因此我们在这里强调一下如何正确地关闭Pro Tools工程。

正确关闭Pro Tools工程的方法是使用"文件"菜单中的"关闭工程"命令，快捷键为"Ctrl+Shift+W"/"Command+Shift+W"。只有使用该命令和快捷键才能正确地关闭工程，并将所有改动写入工程文件。如果仅仅关闭Pro Tools软件中显示的窗口，但此时工程并未关闭，因此部分改动也并未写入工程文件，此时复制的工程文件可能并不是当前听到的结果。

Pro Tools软件同一时刻只能打开一个工程文件，因此在打开另一个工程文件前，请正确地关闭当前的工程文件。

由于录音过程需要使用伴奏音频，因此现在可以将伴奏音频导入，用于下一步的录音。导入音频使用"文件"菜单中的"导入音频"命令，快捷键为"Ctrl+Shift+I"/"Command+Shift+I"。显示界面如图3-10所示：

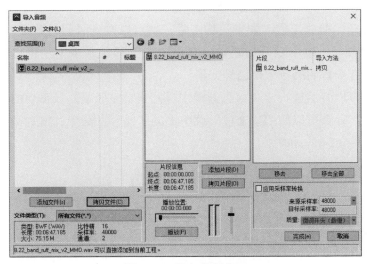

图3-10　导入音频窗口

在左侧栏中找到需要导入的音频文件，选中后单击下面的"拷贝文件"，确认右侧栏中的导入方式显示为"拷贝"，然后单击"完成"。

随后出现的"选择一个目标文件夹"窗口，不需要改动设置，直接单击

"使用当前文件夹"。

最后出现"音频导入选项"窗口，确认"目的地"为"新建轨道"，位置为
"工程起点"后，单击"好"完成音频文件导入。此时，可以在 Pro Tools 编辑窗
口中看到音频波形，在混音窗口中能够看到对应的通道条，如图 3-11 所示。

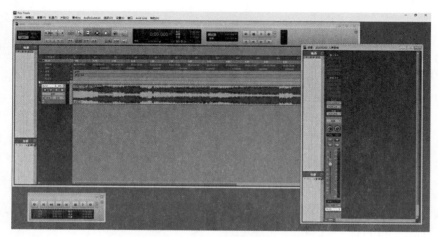

图 3-11　导入伴奏音乐的工程

此时开始播放工程，如果一切正常，就可以看到时间计数器开始走动，
光标开始移动，电平表开始跳动，耳机中会听到音乐声（注意耳机音量）。
至此，所有录音的准备工作已经完毕。

此时可以开始进行定时存盘的操作，尤其是完成了比较重要的操作后请
及时存盘。存盘可以使用"文件"菜单中的"储存"命令，或者键盘快捷键
"Ctrl+S" / "Command+S"。

第四节　基　础　录　音

基础录音是指在进行随后的"补录"或"加倍录音"步骤前所需的录
音。完成基础录音后，整首歌曲的基本结构已经完成。基础录音前请确认话
筒及耳机等设备连接无误，且工作正常。

首先我们需要建立一条音频轨，用于录制音频。使用"轨道"菜单中的
"新建"命令，快捷键为"Ctrl+Shift+N" / "Command+Shift+N"，如图 3-12
所示：

图3-12　新建轨道窗口

数量为"1"，即一条轨道；"单声道"，即使用一支话筒进行录音；"音频轨"即用于录制音频的轨道，"形式"为"采样"设置，使其与时间线相关联。"名称"务必使用能够明显进行分类及识别的名称，例如"人声"。请不要使用默认或无意义名称，例如"音频""666666""jlkjlk""ghghghgh"等。确认无误后单击"创建"，完成音轨创建。

接着我们进行音频轨的输入/输出设置。该设置用于将音频轨与声卡所连接的设备相对应，否则音频轨无法正确地进行录音及回放。（请参考图3-13）

图3-13　音频轨输入/输出通道设置

对于输入接口设置，在混音窗口中单击"人声"音频轨"I/O"部分第一个按钮，出现输入通道选择菜单。本例中话筒连接至声卡的"MIC/LINE 1"接口，该接口在Pro Tools中显示为"MIC/LINE/HIZ/MIC/LINE.L（单声道）"，确保选中该接口。

对于输出接口设置，在混音窗口中单击"人声"音频轨"I/O"部分第二个按钮，出现输出通道选择菜单。本例中耳机连接至声卡的"耳机"接口。在默认情况下，该接口在 Pro Tools 中显示为"MON L/R（立体声）—> MON L/R"，确保其选中该接口。

下一步，我们将进入监听及录音准备设置。监听是指通过耳机听到录制的声音，对于信号流程来说，就是话筒输入的信号经过处理设备后送入输出接口。监听对于录音来说是非常重要的环节，准确无误的监听可以在录音过程中为演奏员提供正确的声音参考，确保录制的声音无误。监听的方法有硬件监听与软件监听两种方法。

硬件监听通过声卡将输入信号送至输出接口。该过程通过使用声卡的控制软件或者面板的旋钮完成。对于本例的 Apollo Twin MKII，硬件监听通过使用 Apollo Console 完成。由于声音信号没有经过 DAW 软件，几乎不会产生处理延迟，所以硬件监听基本上没有声音延迟。但是如果需要在录音时对话筒输入的信号添加效果处理，硬件监听仅能使用声卡自带的效果器，而无法使用 DAW 软件。如果声卡没有自带的效果器，则无法在录音时添加效果处理。

软件监听通过 DAW 软件将输入信号送至输出接口。该过程通过使用 DAW 软件中的设置完成。由于声音信号经过了 DAW 软件，会产生一定的处理延迟，处理延迟时间的长短与声卡缓冲区设置的大小有关，所以建议在录音时使用 256 采样或更小的缓冲区（计算机应具有较高的性能）。但是软件监听可以方便地使用 DAW 软件中的部分效果器进行效果处理，且效果处理仅仅应用于监听，录制的信号不受影响，在录制完毕后还可以调整或使用其他效果。

硬件监听与软件监听只能在二者中选择其一，否则就会听到两个稍有时间间隔的声音，影响监听音质。对于本例来说，因为软件监听比较灵活，且计算机性能足够，所以采用软件监听。

回忆一下设备连接的步骤，其中提到了检查话筒的办法。现在我们再来仔细看一下当时的信号流程，可以发现，话筒输入的信号通过 Apollo Console 输出给了耳机，所以我们才可以听到话筒的声音。目前的状态就是硬件监听，如果我们需要软件监听，则需要关闭硬件监听，即按下 Apollo Console 中 ANALOG 1 通道的 MUTE。此时话筒的信号仅仅送至 DAW 软件，而不会通过 Apollo Console 输出。

然后我们按下 Pro Tools 混音窗口中"人声"音频轨的"●"按钮（预备

录音按钮，Record Enable/Arm），该按钮随即闪动红色，表示该轨道可以在走带控制中按下"●"按钮进行录音。此时 Pro Tools 自动打开软件监听。现在对着话筒讲话，可以看到电平表跳动，而且耳机中也应该能听到声音。此时的监听即为软件监听。

现在以标准的音量进行演唱测试，并调整话放的增益旋钮。根据数字音频及 DAW 软件的特点，我们建议调整话筒增益时查看话筒通道的电平表，当演奏员正常演奏时，电平表在−18 dB 左右跳动，尽量不要超过−12 dB，最大不能超过−3 dB。最大值可以查看人声通道电平表下方的数字，该数字为电平表的峰值电平。请调整话放增益，确保该数值尽量不超过−12 dB，最大不能超过−3 dB。

我们也可以根据需要给人声添加混响效果。单击调音台窗口"人声"音频轨中"发送 A—E"下方的第一格，单击"新轨道"。此时出现"新轨道"窗口（图 3-14）。

图 3-14　创建混响轨道

请创建一个格式为"立体声"，类型为"辅助输入"，时间基准为"采样"，名称为"混响"的辅助轨。再次强调命名的重要性，"名称"务必使用能够明显进行分类及识别的名称，不要使用默认的"辅助输入"作为名称。确认无误后单击"创建"按钮。

此时混音窗口出现新的"混响"辅助轨，同时一个新的"人声、发送a"窗口出现。现在请按照图 3-15 及随后步骤对混响辅助轨进行设置。

首先单击混响辅助轨"插入 A—E"的第一格，选择"多声道插件—> Reverb

图 3-15　混响轨设置

—> D-Verb（立体声）"，插入一个混响插件，此时该插件自动显示。

接着按住Ctrl/Command的同时单击混响辅助轨的"S"（Solo，独奏）按钮，此时该按钮变成灰色，用于防止其他通道的"S"按下时，混响辅助轨被静音，从而听不到混响。

最后调整"人声、发送a"窗口中的推子，同时对着话筒演唱，直到得到合适的混响为止。

此时可以关闭刚刚自动显示的混响插件窗口以及"人声、发送a"窗口。如果需要再次调整混响的强度，可以单击人声音频轨中"发送A—E"下方的第一格的"混响"，"人声、发送a"窗口会显示出来，然后进行调整。

在正式录音前，我们最后添加一个"主推子"用于监视DAW软件的输出电平。使用"轨道"菜单中的"新建"命令，快捷键为"Ctrl+Shift+N"/"Command+Shift+N"，如图3-16所示：

图3-16　创建主推子轨道

图3-17　录音准备完成的混音窗口

请创建一个"立体声"的"主推子"，名称可以使用默认的"主控"，单击"创建"。

此时对着话筒演唱，可以看到"人声""混响"及"主控"三个轨道的电平表跳动。请不要在意电平表跳动很小的范围。Pro Tools默认的轨道电平表为"VU"，其显示速度、刻度和范围均有限。请以电平表下方的峰值数字显示为准，如图3-17所示。

现在可以正式开始第一次录音。按下"编辑"窗口上方或者"走带"窗口的"●"，该按钮随即闪动红色，表示Pro Tools已经准备好录音状态,按下"▶"或键盘空格键,正式开始录音,如图3-18所示。此时编辑界面的人声轨会随着光标出现红色的波形。

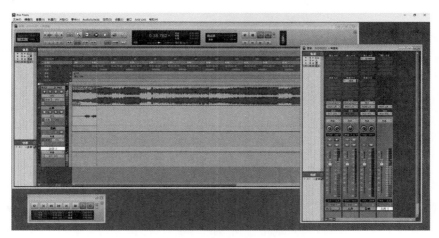

图3-18 Pro Tools录音中

如果希望使用键盘操作,可以在Pro Tools停止的状态下按下键盘的F12或者数字键盘3,直接开始录音。

录音完成后,按下"■"或键盘空格键,录音停止,此时可以看到第一次录音的波形,如图3-19所示,基础录音结束。

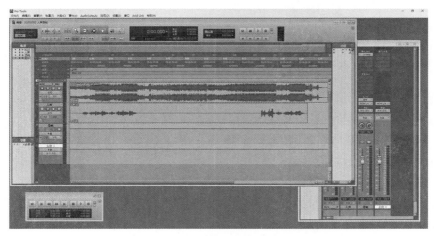

图3-19 基础录音结束

第五节 补 录

完成基础录音后我们可以按下"▶"或键盘空格键,回放一下刚才录音的结果。此时可以发现,尽管人声音频轨的"●"预备录音按钮仍然被按下,但是当开始回放时,该音轨输出的声音是硬盘上录制的音频。Pro Tools的这种监听模式叫做"磁带监听"模式,即某一音频轨的预备录音按钮按下后,当Pro Tools处于停止或录音时,该音频轨的输出来自输入(话筒)的信号;当Pro Tools处于回放时,该音频轨的输出来自硬盘上录制的音频。整个切换过程都是自动的,无需人为干预。

如果对基础录音中的某一部分不满意,可以进行补录。补录使用的方式为穿入/穿出(Punch-in/Punch-out)录音。该方式可以在回放与录音之间快速切换,仅对需要重新录制的范围进行录音。对于Pro Tools,我们首先右键单击"编辑"窗口上方或者"走带"窗口的"●",在弹出的菜单中选择"快速插录(Quick Punch)",此时"●"中间显示有字母"P"。

然后我们确保人声音频轨的"●"预备录音按钮仍然被按下,接着按下"▶"或键盘空格键开始进入回放模式。如果一切正常,可以在编辑窗口下方看到红色的"准备好录音"提示(图3-20),表示随时可以进入录音状态。

图3-20 "快速插录"准备好提示信息

然后当回放到需要录音的位置,只需按下"编辑"窗口上方或者"走带"窗口的"●",或者键盘的F12或者数字键盘3,Pro Tools将立刻切换至录音状态(图3-21)。录音完成后,可以再次按下"编辑"窗口上方或者"走带"窗口的"●",或者键盘的F12或者数字键盘3,Pro Tools将重新恢复至回放状态。

如果歌曲其他地方需要补录,可以仍然采用以上方法进行补录。全部补

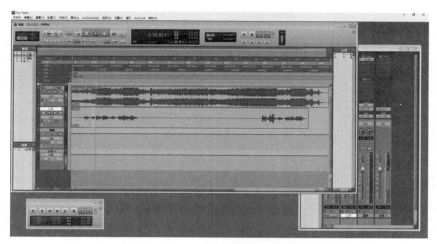

图3-21 穿入/穿出录音

录结束后，可以关闭人声音频轨的"●"预备录音按钮，此时人声音频轨已经录制完成。

记得按"Ctrl+S"/"Command+S"存盘。

第六节 加 倍 录 音

加倍录音（Overdub）是指在已经完成基础录音及补录后进行的额外的录音，常见的情况包括和音声部、即兴声部及额外乐器的录音。其操作与基本录音一致，只是每次录制一个新的声部时需要重新建立一个音频轨。

加倍录音也可以在专业录音棚中进行。此时只需要将工程文件夹复制到移动硬盘上，并带至专业录音棚，使用录音棚的Pro Tools系统打开即可。录制完成的工程回到自己的个人工作室后仍然能够打开，进行后续编辑及混音。

记得按"Ctrl+S"/"Command+S"存盘。

第七节 编辑、混音及并轨

所有的录音完成后，我们可以对录制完的人声音频轨进行编辑、混音及并轨。由于本书篇幅的限制，这里仅介绍一些基础的操作。

对于人声音频轨的编辑均在Pro Tools的编辑窗口进行，使用的工具为智能工具（Smart Tool）模式，该工具通过按下编辑窗口上方三个按钮上的大按钮选择（图3-22），或者同时按下键盘上F6、F7、F8中任意两个按钮来选择。

图3-22　智能工具

该工具将多种常用编辑工具集成在一起，只需将光标放置在音频片段不同的位置即可进行不同的操作。典型操作如下。

修整工具（Trim Tool）：当鼠标移至音轨中音频片段的头尾及连接处时，光标变成如图3-23所示的修整工具。使用修整工具可以移动音频片段的开始及结束位置，用于去除音频片段中的空白或不需要的地方。

图3-23　修整工具

由于Pro Tools使用非破坏性编辑，因此如果修整的区域不准确，可以再次使用修整工具调整音频片段的边界。

如果需要缩小或放大显示范围，可单击编辑窗口右下角的"－"及"+"对显示范围进行缩放。

选区工具（Selector Tool）：当鼠标移至音频片段上半部分时，光标变成如图3-24所示的选区工具。使用选区工具单击音频片段的一个位置可以定位播放的光标；使用选区工具在音频片段上连续画上一个区域可以用于选择一个区域用于播放或者编辑，选择的区域以反色方式显示。

图3-24　选区工具

如果需要将音频片段切开，则首先将光标放置在需要切开的位置，然后使用"编辑"菜单中的"分割片段—>在选区"命令，或者快捷键"Ctrl+E"/"Command+E"将音频片段从光标处切开。

如果需要将音频片段中的一段删除，则首先选择需要删除的区域，然后使用键盘"退格"（Backspace）键删除选定区域。

抓取工具（Grabber Tool）：当鼠标移至音频片段下半部分时，光标变成如图3-25所示的抓取工具。使用抓取工具可以移动一个音频片段。如果需要移动一个音频片段中的某个部分，请使用选区工具将需要移动的部分切开，然后再使用抓取工具进行移动。

图3-25 抓取工具

通过配合以上工具，我们就可以将补录好的人声音频轨编辑成一段完整的音频片段，如图3-26所示。

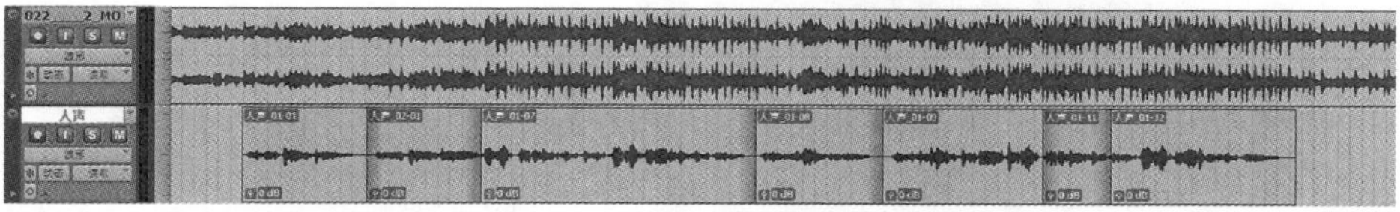

图3-26 编辑完毕的人声音频轨

但是此时所有的连接处没有进行任何处理。编辑的最后一步就是使用"淡变"（Fade）功能将音频片段的头尾及连接处进行平滑处理。首先使用选区工具将人声音频轨中所有音频片段选中，然后使用"编辑"菜单的"淡变—>创建"命令，或快捷键"Ctrl+F"/"Command+F"打开"批量淡变"窗口，使用默认参数后单击"确定"即可完成淡变处理。记得按"Ctrl+S"/"Command+S"存盘。

编辑完成后的操作为混音操作。混音能够将不同音频轨进行不同的音量、音色、动态、空间及效果处理，并将其混合为一个两轨立体声音频文件输出。混音的过程也是很复杂的工作，我们这里先介绍人声基本处理方法。涉及效果器的相关内容请详见第三部分第十一章。

首先使用不同音频轨的音量推子调整音频轨的音量比例。

然后使用均衡（EQ）处理器对人声不同的频率进行提升或衰减。单击人声音频轨"插入A—E"下方的第一个格子，选择"插件—> EQ —> EQ3 7-Band（单声道）"，此时Pro Tools显示EQ3 7-Band界面。只需用鼠标拖动插件窗口右上方曲线上的点，即可对声音相应的频段进行提升或衰减（图3-27）。

接着我们可以使用压缩处理器（Compressor）对人声的动态范围进行控制。单击人声音频轨"插入A—E"下方的第二个格子，选择"插件—> Dynamics —> BF-2A（单声道）"，此时Pro Tools显示Bomb Factory BF-2A压缩器插件界面。使用右侧的"PEAK REDUCTION"旋钮调整至中间，电平表在人声音量比较轻的部分指针几乎不动，而在人声音量比较响的部分指针最多指向-5左右即可（图3-28）。

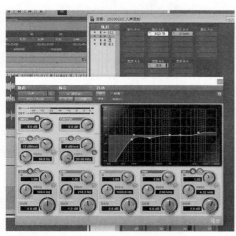

图3-27　EQ3 7-Band均衡器插件　　　图3-28　Bomb Factory BF-2A压缩器插件

我们已经在录音前添加了混响效果。如果需要再次调整，可以单击"发送A—E"中的"混响"，打开"人声、发送a"窗口对混响的发送量进行调整。

最后我们会进行整个混音工程的音量及动态控制。在"主控1"轨道中单击"插入A—E"下方的第五个格子，选择"多声道插件—> Dynamics —> Maxim（立体声）"。调整"CEILING"推子至"−1.0 dB"，调整左侧"THRESHOLD"推子至最右侧"ATTENUATION"，偶尔显示，且数值不超过3.0 dB即可。单击数值可以将其复位并重新读取最大值。记得按"Ctrl+S"或"Command+S"存盘。

图3-29 Maxim限制器插件

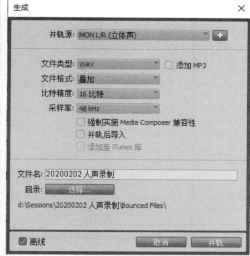

图3-30 生成窗口

至此，简单的混音步骤已经结束，此时功能仍然包含多个轨道，无法在一般的播放软件中播放。因此，最后一步我们将使用"并轨"功能将其以两轨音频形式导出。

并轨（Bounce）是指将音轨数量从多变少的过程。用于导出两轨音频的功能叫做"并轨到磁盘"。首先使用选区工具将工程需要导出的时间区域选中，然后使用"文件"菜单中的"并轨到—>磁盘"或快捷键"Ctrl+Alt+B"或"Command+Option+B"打开"生成窗口"（图3-30）。

该窗口用于设置2轨音频文件的属性等参数。其中"比特精度"选"16比特"，其他参数可以保持默认值，然后单击"导出"即可。导出的两轨音频会放置在工程文件夹中的"Bounced Files"文件夹中，随后可以按照需要复制或移动到其他文件夹。

如果需要导出MP3格式音频文件，可以在单击"并轨"前勾选"添加MP3"复选框。此时单击"并轨"后，会出现"MP3"窗口（图3-31）。

"持续比特率"（CBR）选项用于设置MP3的音质及体积之间的平衡点。320 kbit/s能够提供最好的音质，但是文件体积会变大，典型文件体积约为10 MB。减小该数值可以减小文件体积，但是会降低音质，通常192 kbit/s是能够达到可接受音质的最小值。低于该数值会明显影响音质。

标签类型请选择"ID3 v2.3"。该选项对中文标题及作者信息尤为关键。

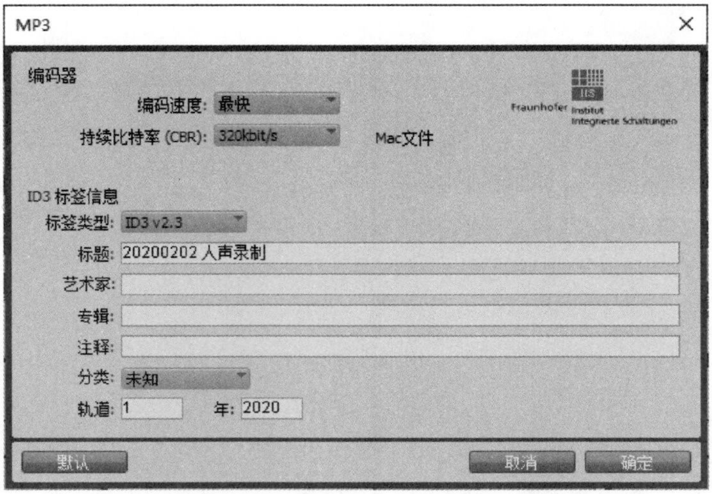

图3-31　MP3参数设置窗口

其余的字段可以根据实际情况填写，或者留白。确认无误后单击"确定"即可生成MP3文件。记得按"Ctrl+S"或"Command+S"存盘。

至此，我们已经完成在Avid Pro Tools软件中的典型录音流程。虽然该录音形式很简单，但是所有步骤都是录音过程中不可或缺的，熟悉掌握以上步骤有助于了解本书的随后章节。

第四章
录音棚录音流程

第一节　录音棚录音与个人工作室录音异同

虽然个人工作室可以完成简单的录音，但是如果需要更高质量或更大规模的录音，则需要在录音棚中进行。录音棚在硬件和软件方面都具备个人录音室很难达到的标准。我们首先对比录音棚录音与个人工作室录音的异同。

一、结构区别

个人工作室通常仅仅包括一个房间，房间面积有限。由于话筒和监听音箱被放置在同一空间，因此在录音时需要使用监听耳机来监听，以防止在录音时监听音箱的声音串入话筒。这样不仅影响音质，同时还可能会发生反馈，导致"啸叫"现象的产生。

而录音棚则会根据不同的用途，将给定空间分成几个部分。每个部分的面积及声学设计根据功能不同而不同。录音时录音的空间与监听的空间被分隔开，因此不会存在声音互相干扰的问题。同时，足够大的空间及不同功能的空间也为录音提供了更多的灵活性。如图4-1所示为Berklee College of Music的160 Mass. Ave. Studio 2的录音棚。

图4-1　160 Mass. Ave. Studio 2的录音棚

二、设备区别

录音棚与个人工作室所使用的设备各有异同。一些在个人工作室中使用的设备及软件也会在录音棚中使用，甚至型号也是完全一样的。但是录音棚中所使用的设备在种类、数量和性能上会比个人工作室多一些。

对于输入设备，个人工作室准备2～3支话筒已经可以满足大部分的录音要求。然而这些话筒在录音棚中往往是必备的基本型号。录音棚中配置的话筒种类丰富，数量众多，甚至还可能包含限量版或已停产的经典型号。数量众多的话筒保证了在录音过程中能够选出最适合乐手及乐器的话筒。如图4-2所示为伯克利音乐学院的160 Mass. Ave. Studio 2的话筒储藏柜。

大部分声卡都自带用于直接连接电声乐器的乐器输入接口。而在录音棚中，为了适应不同的电声乐器以及提供不同的音色，独立的DI Box代替了声卡自带的乐器输

图4-2　160 Mass. Ave. Studio 2的话筒储藏柜

入接口，而且其数量及种类也很丰富。（图4-3）

对于处理设备，个人工作室使用了声卡及运行DAW软件的计算机作为核心处理设备。而在录音棚中，这些设备仍然存在，但其角色发生了变化。录音棚中最核心的设备是调音台。调音台能够完成音频信号

图4-3　Radial键盘乐器DI Box

的放大、处理、混合及分配等功能，但是调音台不能记录及回放音频，因此需要多轨录音机配合调音台完成录音及混音的操作。以前的录音棚使用多轨开盘录音机，如今多通道音频接口及运行DAW软件的计算机成为现代录音棚中的录音机。多通道意味着音频接口不再是2通道输入及2通道输出，而是使用多台多通道音频接口，使通道数量满足调音台的需求。例如3台16通道音频接口可以实现48通道音频输入或输出。音频处理也不完全依赖于DAW软件内部的效果处理插件，而是充分使用调音台及周边效果器所提供的处理能力。如图4-4所示为伯克利音乐学院的150 Mass. Ave. Studio B的调音台与周边效果器。

对于输出设备，个人工作室受空间限制，通常仅能安装一对近场监听音箱。而在录音棚中，根据需要还会安装远场监听音箱甚至环绕声监听音箱。例如图4-4所示的控制室提供了Auratone 5C、YAMAHA NS-10M Studio及Barefoot MicroMain 27共三组监听音箱。不同的监听音箱用于模拟在不同环

图4-4　150 Mass. Ave. Studio B的控制室

境下进行监听对比。

尽管录音棚与个人工作室的设备差距如此之大，但是录音的流程甚至操作方法却是比较接近甚至一致的。如果个人工作室使用的DAW软件与录音棚一样，那么就可以在个人工作室与录音棚之间无缝交换工程文件，大大地简化了工作流程。同时通过在个人工作室中熟悉录音流程及软件操作，也可以为录音棚中的高效工作打下基础。

第二节　录音棚结构

我们通常所说的录音棚其实是一个比较广泛的概念，即能够为人声演唱、乐器演奏、语言对白及其他声音进行设计、录制及混音的场所。典型的录音棚平面图如图4-5所示。

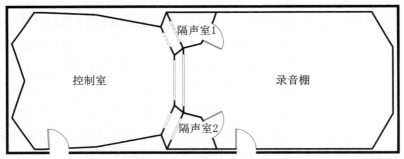

图4-5　典型录音棚的平面图

录音棚根据不同的功能及需要会分成如下房间：

一、录音棚

录音棚（Tracking Room、Live Room）是面积较大的用于录音的房间，也是乐手和乐器演奏的地方。录音棚需要非常好的声学环境，例如极低的本底噪声，较少或自然的房间混响等。由于真实声音会在录音棚中发声，因此录音棚中使用的设备是各种输入设备，最典型的是话筒。同时演奏员也需要听到自己的声音和伴奏等预先录制的声音，因此也会使用输出设备，例如耳机放大器和耳机等；如果录音棚的面积较大，能够容纳的演员数量也比较多，那么录音棚内也可以安装音箱用于多人返听。

二、隔声室

隔声室（Isolation Booth）是面积较小的用于录音的房间。这些隔声室用于录制某一个声部，例如人声独唱、某件乐器或某件设备。常见的使用场合包括人声隔声室（Vocal Booth）及鼓组隔声室（Drum Booth）。其他可能需要在隔声室中进行录制的乐器还包括钢琴及电声乐器的音箱等。通过使用隔声室可以让某一声部录制的声音更加干净，不受其他演员和乐器的干扰，方便后期处理，也可以防止大音量乐器影响其他演员和乐器的录音。

三、控制室

控制室（Control Room）是制作人、录音师等工作人员的房间。声学环境一样要求非常高。大部分与声音处理及输出有关的设备都会放在控制室，例如调音台、录音机、周边效果器及监听音箱等。

以上三个房间即为进行录音及混音的房间。为了配合这三个房间的使用，录音棚还包含以下的辅助房间。

四、机房

机房（Machine Room）是用于安装工作时会产生噪声的设备的房间。所有设备在工作过程中都会产生一定的热量。为了防止设备过热产生损坏，部分音频设备内部安装了通风用的风扇。这些风扇在设备通电后即开始工作。由于风扇工作时会产生噪声，这些噪声可能会影响控制室的监听环境，因此这些设备会安装到机房。同时机房也提供了较好的通风系统，可以将设备产生的热量快速排出，延长设备使用寿命。

五、话筒储藏室

话筒储藏室（Microphone Locker/Storage）是用于存放话筒的房间。由于话筒属于精密的机电混合设备，因此其性能及寿命受环境影响比较大。为了让话筒保持最佳的工作状态，存放话筒的房间就需要一定的环境控制。这个房间通常恒温恒湿，并且没有太阳直射。所有的话筒按照分类进行整齐的摆放，方便查找及使用。对于个人工作室来说，建议使用干燥箱存放话筒，并将干燥箱置于阴凉处。

第三节　录音棚信号互通

录音棚包含了众多房间，各个房间之间需要交换不同的信号。其信号包括以下四种。

一、录音信号

录音信号是来自话筒输出的信号，由录音棚或隔声室送至控制室或机房。该信号为录音棚中最重要的信号。在个人工作室中，负责传送该信号的设备就是连接话筒与音频接口的卡侬线。在录音棚中，由于其面积较大，能够使用的话筒数量也很多，因此这种信号都不是由音频线直接完成连接，而是经过了若干面板及设备。

首先，话筒输出的信号经过卡侬线连接至录音棚墙面上的接口面板（Studio Wall Panel，图4-6）。这些面板通常标记有"TIE LINE""MIC INPUT"及"CUE OUTPUT"等字样，其后使用数字或字母数字组合等标记来区分不同的通道。根据录音棚的大小不同，其内部会安装若干接口面板。建议根据乐手及乐器位置就近选择使用。

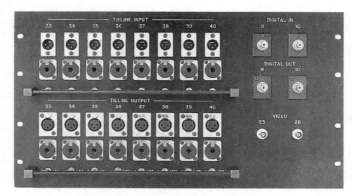

图4-6　录音棚接口面板

随后，这些信号会通过多芯线缆连接至控制室或机房的跳线盘（图4-7）。跳线盘是用于改变信号连接方式的设备。当跳线盘上没有插线时，所有

的信号均按照默认模式连接，例如
录音棚话筒插座24通道会送入调音
台24通道。当需要改变信号连接，
例如使用外部的话筒放大器时，就
可以通过使用跳线盘改变信号连接，
来满足录音及混音的要求。关于
跳线盘的知识我们会在第三部分第
十二章第三节进行详细说明。

图4-7　控制室中调音台一侧的跳线盘

二、返听信号

返听信号是由控制室调音台等设备发送回录音棚中供乐手收听和参考用
的信号。该信号在调音台上会被叫做"Cue""Foldback""Phones & Studio"等
不同名称。其信号来源也很灵活，大多数情况下来源于调音台上每个通道的
发送。这是由于在录音过程中，录音师听到声音的内容和比例与演员听到的
声音会存在差异。例如演员可能需要自己的声音比例大一些，还要加入一些效
果以及节拍器等声音，而录音师则更倾向于接近最终混音的声音比例。不同调
音台上对返听信号的发送都会比较灵活，例如SSL 4000G调音台直接在通道上
进行发送，该发送叫做Cue Stereo。API Vision调音台虽然也称其为Cue，但是
信号可源于Aux发送及外部输入。AMS Neve 88RS调音台则使用了多层发送：
Aux发送、混音总线和外部输入首先送至Cue Mixer，然后Cue Mixer再输出至
Foldback。（关于这部分的具体操作可以参考第三部分第九章第三节）

在录音过程中，乐手听到的返听信号比例可以由录音师进行调整。为了
提高工作效率及满足乐手对返听信号的要求，越来越多的录音棚使用个人监
听系统（Personal Mixers，图4-8）进行返听信号的管理。这种系统接收来自
调音台的多通道信号，通过网线等设备连接到乐手前的控制器，乐手可以根
据自己的需要对多通道信号进行混合。

三、对讲信号

对讲（Talkback）信号是由控制室调音台发送至录音棚乐手的信号，通
常与返听信号混合后送入录音棚。对讲信号用于控制室的工作人员与录音棚
中的乐手进行交流。对讲信号来自安装在调音台上的对讲话筒（图4-9），也

图4-8　Aviom A320个人监听系统

图4-9　Avid System 5调音台的对讲话筒

可以使用单独的话筒作为对讲话筒。该话筒的开关通过录音师及制作人操作调音台上特定的按钮来实现。不同调音台的对讲通道数量也有差别，例如AMS Neve 88RS调音台内置了用于录音师的对讲话筒，同时还可以外接一支用于制作人的话筒。而对讲信号与返听信号混合后可以送至八个不同位置组合，甚至还可以送至录音机输入用于记录标题及录音次数等语言信息。

四、监听话筒信号

监听话筒（Listen Mic）信号又叫反向对讲（Reverse Talkback）信号。该信号来自录音棚中特定位置的话筒，例如棚顶安装的监听话筒（图4-10）。该话筒用于在未安装录音话筒、录音话筒并不拾取人声或录音话筒未进入监听模式的情况下拾取乐手的声音，用于乐手与制作人及录音师沟通。监听话筒往往与对讲话筒同时打开或关闭，也可以使用"Listen Mic to Tape"送至录音机进行录制以得到特殊的声音效果。该方

图4-10　安装于棚顶的Listen话筒Crown PZM30D

法在1980年Peter Gabriel录制其第三张个人专辑《Peter Gabriel 3: MELT》的过程中被发现。录音师Hugh Padgham使用监听话筒听到了鼓手Phil Collins在演奏鼓组时的声音。该声音由监听话筒通道自带的压缩及门限处理后产生了混响拖尾突然终止的效果。

随着设备性能的提升，使用专门布置的监听话筒的机会越来越少。目前比较常用的办法是为乐手单独准备一支话筒用于讲话。这种方法可以拾取更好的讲话声音，但是会一定程度增加录音师的操作量，因为该话筒通常送入调音台的常规通道，需要录音师手动打开或关闭。

第四节　录音棚录音流程

我们已经了解了录音棚的结构，现在我们来看看录音棚录音与个人工作室录音的操作异同。

一、设备连接

在录音棚中设备连接已经不限于用音频线连接话筒耳机，由于所使用的设备及其附件的复杂性，其连接及配置过程会相对复杂。

在录音棚中会使用一些电子管话筒。由于电子管在工作时需要用到电压不同极性不同的若干组电压，

图4-11　自带电源的SONY C800G电容话筒

由调音台提供的幻象供电无法满足电子管的工作，因此很多高端话筒都会自带电源（图4-11）。如果使用了自带电源的话筒，在连接时首先需要将电源连接至话筒，然后将卡侬线连接至电源，最后对电源进行通电。如果录音时使用了多支话筒，则每支话筒都需要连接到话筒面板，并且建议使用不同颜色的音频线进行连接，以防止多根黑色电缆混在一起难以分辨。

录音棚中使用的话筒附件也会比较多。例如用于拾取整体声音的立体声或环绕声拾音制式会使用一定数量的话筒，而且这些话筒会按照要求的摆放方法安装于特定的话筒架上（图4-12）。此时安装话筒及话筒架就需要严格

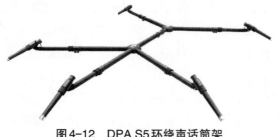

图4-12　DPA S5环绕声话筒架

按照设备厂商所提供的步骤进行。

对于一些电声设备，则会根据实际情况进行连接。例如合成器等设备通过DI Box后送入调音台的线路输入；电吉他则会连接到吉他音箱，并使用话筒拾取音箱的声音。如果录音棚的条件允许，吉他音箱可能会放入隔声室单独进行拾音。

对于返听耳机，录音棚基本不会直接使用来自音频接口的输出信号，而是通过调音台混合出一路"耳机混音"（Headphone Mix）送至录音棚的耳机放大器，然后再连接耳机。也可以通过调音台按照乐器的类型混合出若干通道，送至录音棚的个人监听系统，再连接耳机，并由乐手自行调节比例。如果同时录音的乐手数量比较多，则会使用多台耳放来完成乐手们的返听。

二、录音棚录音的首次使用

由于录音棚均配备相应的技术支持人员，这些人员会保证录音棚的正常运行，所以首次到达录音棚时并不需要进行各种设备的配置。我们也不建议随意改动录音棚的各种设置，除非得到技术支持人员的允许并由其来完成。

因此，首次到达录音棚所需要完成的工作是熟悉录音棚及控制室的声学环境及设备。由于不同的录音棚有着不同的声学环境，因此同样的监听设备在不同的录音棚也会有不同的声音结果。此时可以在控制室中播放一些自己熟悉的歌曲，来判断及熟悉控制室的声学环境。对于录音棚，也可以通过一些诸如拍手的简单操作来判断其声学特点。熟悉录音棚的声学环境对于准确的声音判断有着非常重要的意义。

熟悉声学环境的同时也要熟悉设备。了解录音棚不同设备的特点有助于在录音时通过使用一些设备来得到更好的录音结果，偶尔也会给录音带来惊喜。

如果需要在录音棚中使用自带的工程文件，我们也建议大家提前将工程文件带至录音棚。这样可以检查工程文件的完整性，避免带错或少带工程文件这种简单低级的、但是会导致录音无法顺利进行的问题。同时，自带的工程文件带到录音棚后有可能需要重新配置输入输出端口。在个人工作室中，混音由DAW软件来完成，音频接口只需输出两轨立体声即可；在录音棚中，为了充分发挥调音台及周边效果器的性能，同时方便耳机混音的设置，DAW软件会将每个通道独立输出至音频接口的不同接口，并送至调音台的不同通道。如果工程文件的规模比较大，这个分配工作可能会是非常耗时的。所以我们建议提前将工程文件带至录音棚，而不要在录音当天才带过去。

三、录音棚录音前的准备

到了录音的当天，在录音前仍然有一些工作要做。比如与制作人及录音师沟通一些关于作品的想法，与乐手沟通表演及演奏相关话题。同时话筒的选择及摆放也需要一定的时间来完成，更不用说调音台及周边效果器的选择及使用了。当录制的乐手及乐器的数量比较多时，话筒摆放工作可能也要提前一天开始进行，这样等乐手来了以后仅需根据乐手及乐器的实际情况稍微调整一下即可。

四、录音棚基础录音

录音棚中的基础录音与个人工作室中的差别并不太大，主要区别在于录音的通道数量。个人工作室的多个声部或乐器都需要单独录音；而在录音棚录音时，一次可以同时录制若干乐手及乐器，甚至大型录音棚可以完整地录制一个交响乐队。

个人工作室中的声卡被录音棚中的调音台取代，而运行DAW软件的计算机也从核心设备转换为多轨录音机，此时的信号流程不仅比个人工作室清晰，而且硬件监听与软件监听的差别也变得更加显著了。现在我们来看一下基础录音的信号流程。图4-13为录音棚典型设备流程图。需要注意的是本书随后所提到的多轨录音机，在未特别指明的情况下均代表多通道音频接口与运行DAW软件的计算机。

在录音棚中基础录音时的信号流程如图4-14所示。注意未使用的设备并未出现在图中。

1. 输入设备

话筒：用于声音的拾取，信号送至调音台的话筒输入。

多轨录音机：如果有预先准备好的伴奏或小样等音频，多轨录音机会回放这些音频，信号送至调音台的多轨录音机输入。

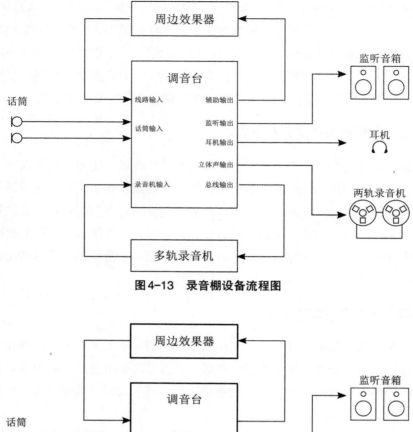

图4-13　录音棚设备流程图

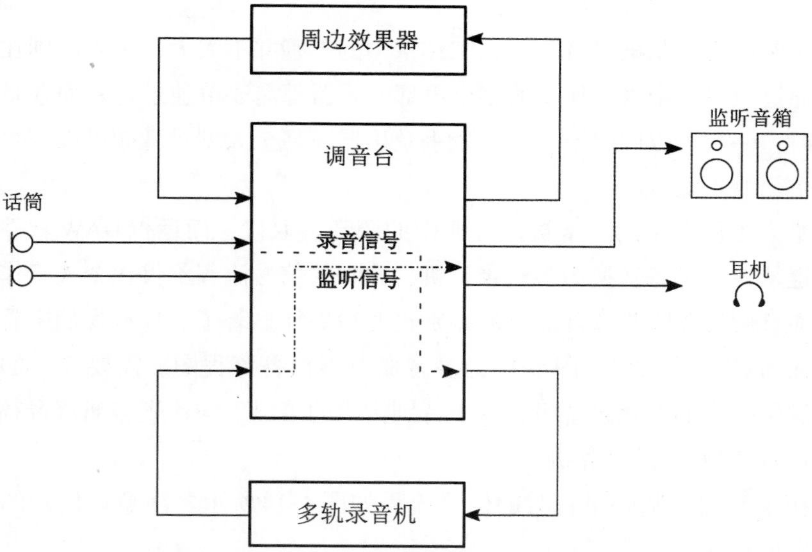

图4-14　录音棚中基础录音的信号流程图

2.处理设备

调音台：用于对来自话筒的声音信号进行放大及处理，并与来自多轨录音机的音频混合后进行分配并输出。

周边效果器：用于对声音进行处理。

3. 输出设备

监听音箱：用于在控制室重放来自调音台监听输出的音频信号。

返听耳机：用于在录音棚重放来自调音台返听输出的音频信号。

多轨录音机：用于录制来自调音台通道直接输出或总线输出的音频信号。这些信号都来自调音台的话筒输入，并按照需要经过调音台内部的效果器或外部的周边效果器进行处理。

五、录音棚补录

录音棚补录的过程基本与个人工作室补录一致，信号流程也与基础录音保持一致。

六、录音棚加倍录音

录音棚加倍录音的过程基本与个人工作室加倍录音一致，但是由于录音棚能够提供更大的空间及更多的设备，加倍录音过程中会更加关注话筒和乐手的位置关系。

最简单的加倍录音只需让乐手重复录制一遍需要加倍的部分即可。由于乐手在演唱及演奏时会产生自然的音色及时间差别，因此多次加倍录音可以实现一定的群体感。

其次可以让同一批乐手在加倍录音时演奏不同的声部。这样可以等同于更多的乐手在同时演奏多个声部。

最后在可能的情况下，可以在每次加倍录音时让乐手们改变一下位置。例如录制人声合唱，可以让乐手们在每次加倍录音时稍微改变一下互相的位置，来得到更细微的音色差别。

录音棚加倍录音的信号流程也与基础录音比较接近，只是来自多轨录音机的回放通道会随着加倍录音的进行而越来越多。如果加倍录音的通道数量超过了调音台的输入通道数量，可以使用调音台或多轨录音机的并轨模式，将多组加倍录音混合为一对或几对立体声通道。录音棚中加倍录音时的信号流程如图4-15所示。

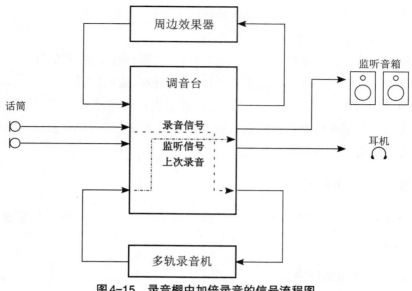

图4-15　录音棚中加倍录音的信号流程图

七、录音棚编辑、混音及导出

　　录音棚中进行编辑操作也与个人工作室编辑方法基本一致。但是需要注意的是在录音棚录音时会同时使用多支话筒，因此在移动音频片段的过程中，同一次录音中的多条音频片段需要保持同时移动，防止轨道之间产生时间差。该功能可以通过使用DAW软件中的音轨编组或音频片段编组功能实现。

　　录音棚中的混音操作基本原理与个人工作室混音基本一致，只是DAW软件中所有的虚拟操作都变成了真实的操作：调音台界面变成了真实的调音台；效果器插件变成了真实的效果器，声音的混合及处理从计算机运算变成了真实的音频信号处理。

　　录音棚中的导出步骤则与个人工作室差别较大。由于混音及效果处理过程都已经在真实的设备上完成，因此录音棚中的导出步骤可以理解为录制调音台的混音输出，即将调音台的输出送至多通道音频接口的输入端，并在DAW软件中新建一个立体声音轨，去录制这个输入端。这种方法需要以1：1的时间进行，即实时进行，无法使用DAW软件所提供的离线导出功能，但是在录音过程中所有的设备仍然可以进行操作，这样就可以在导出的过程中按需要实时调整参数。这是离线导出所无法实现的功能。录音棚中混音及导出时的信号流程如图4-16所示。

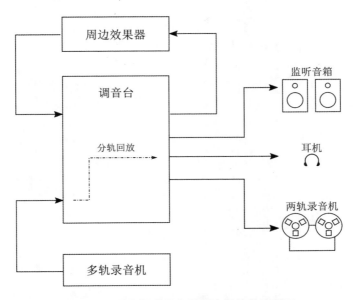

图4-16 录音棚中混音及导出的信号流程图

第二部分

音频技术基础概念

第五章
声音基础

第一节　声音是什么

　　声音是一种以声波形式在介质中进行传播的振动。这句话包含了两个要素：振动与介质。我们可以用自己的嗓音来验证声音的振动。当我们发声时，用手轻轻触摸自己的颈部，可以明显感觉到身体的振动。只有某种振动源的振动才可以使周围的传播介质发生振动。介质作为传播声音振动的必要因素，将振动以球面波的形式向四面八方传播。当听者的耳朵感受到了介质的振动后，耳朵与大脑的共同作用使得我们感知到了声音。

　　声音产生及传播的过程与向平静的池塘中扔一块小石子所产生的水波纹非常类似。我们可以分析一下这个过程，借以了解声音产生与传播的过程。

　　我们假设池塘处于平静的状态，外界环境也很适宜，完全没有风。我们将现在的状态认定为一个平静的状态。在这个状态下，单位体积内的水包含了一定量的水分子。当一粒小石子被投入池塘后，它会去压缩与其接触的水分子。由于水本身并不容易被压缩，因此小石子落入水中所产生的向下的压力会让附近的水分子向上扰动，从而保持一定程度的平衡。当这些扰动到达最上端后，扰动的方向会发生改变，但是幅度略小，直到扰动到达最下端后，扰动的方向会再次发生改变，并以此循环。随着时间的推移，水分子这

图5-1　水波纹

种上下扰动会以小石子接触水面的位置为中心向外以球形进行扩散，由此形成了水波纹（图5-1）。

声音振动也会发生类似的情况。例如当我们拨动一根吉他的弦，弦由于其本身的弹性从而产生了振动。弦的振动会扰动其附近的空气分子，使空气分子产生扰动，同时这种扰动以吉他弦为中心以球形向外扩散。

当然水波纹与声音振动还是存在着一个本质差别：横波与纵波。

水波纹这种现象叫做横波（图5-2）。在横波中，物质粒子的振动方向垂直于波在介质中的传播方向。水波纹在传播过程中看上去好像在慢慢远离振动的中心，这是由于振动幅度在慢慢衰减，而实际上振动的水分子仍然是在原本位置，上下地进行振动。

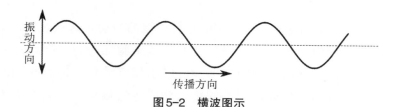

图5-2　横波图示

可以使用以下方法更容易观察到横波的传播。我们取一根绳子，绳子的一端系在墙面的固定位置，而另一端拿在手上。然后我们快速地上下挥手，就可以看见挥手引发的绳子振动从手握的一端传播到了系在墙上的另一端（图5-3）。尽管我们清晰地看见了波的传播，但是绳子的任何一个位置仅仅产生了上下的运动，而并未产生前后的运动，绳子仍然在原来的位置。

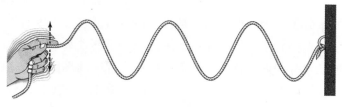

图5-3　甩绳子

声音的传播则是以纵波的形式传播（图5-4）。在纵波中，物质粒子的振动方向平行于波在介质中的传播方向。吉他弦的振动推动或拉动了附近的空气分子，使其发生挤压或舒张，结果产生了以吉他弦为中心的一圈圈的、交替的高气压区与低气压区。空气分子也仅仅在自己的平衡位置前后稍作往复移动，而并未随着波的传播产生一个方向位移。

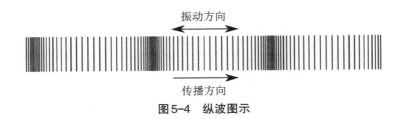

图5-4　纵波图示

可以使用以下方法更容易观察到纵波的传播。我们取一根长度较长且柔软的弹簧（可以试试玩具总动员中的弹簧狗Slinky Dog），弹簧的一端固定在墙上，而另一端拿在手里。首先我们稍微地拉开弹簧，使弹簧的每一圈之间留出空隙。然后我们快速的推一下弹簧。此时距离手比较近的弹簧受到挤压，为了重新回到平衡位置，这个区域的弹簧会舒张，导致随后区域的弹簧受到挤压。以此循环，手推弹簧所产生的波就在弹簧中间传播下去了（图5-5）。任何一个时刻，弹簧仅仅在平衡位置的前后进行往复运动，弹簧自身并没有随着波的传播发生位移。

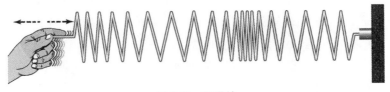

图5-5　压弹簧

相对于横波来说，纵波比较难以直观地观察到，也很难方便的视觉化，因此我们经常会把声音想象成横波（图5-6），这也是DAW软件显示的波形。此时需要注意的是：横波的波形代表了空气分子的压强高低，或者声音电信号的电压的极性及高低，或者声音电信号的电流方向，或者扬声器纸盆的振动方向及幅度，但是就是不表示声音振动的方向。

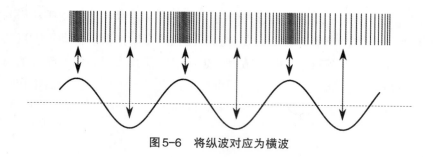

图5-6　将纵波对应为横波

第二节　如何描述声音——以时间为参考

为了描述声音，我们首先看一下最简单的振动：简谐振动。简谐振动是最简单的振动模式。如果我们在一个弹簧下方挂上一个重物，然后向下拉动这个重物，使其偏离平衡位置，最后松手，此时弹簧会将重物向上拉动。当重物经过平衡位置后，重物会慢慢减速直到停止，然后以相反的方向向下加速开始运动。当重物经过平衡位置后，重物会慢慢减速直到停止，然后再次以向上的方向加速开始运动，并如此反复。

最简单的声音振动，正弦波（Sine Wave），也是按照上面所描述的模式进行振动。我们会在随后的章节中看到，正弦波是所有声音最基本的组成部分，无论多么复杂的声音都可以分解为若干个不同频率的正弦波。正弦波可以通过振荡器来生成。振荡器是一种能够生成各种波形的设备，其他的波形包括三角波、方波、锯齿波及噪声等。由于正弦波是最简单的波形，因此正弦波非常适合作为测试信号，用于测试音响系统。一些振动模式比较简单的乐器，例如长笛或音叉，其音色也非常接近正弦波。

依照上节所说，我们为了更方便地视觉化声波，因此将其想象成横波，于是就得到了如图5-7所示的波形。这是一个正弦波波形。图中x轴为时间，y轴为振幅，这种分析方法叫作时域分析（Time Domain Analysis）。时域分析均使用时间作为参考，来分析振动的变化。

一、频率与周期

正弦波的振动是周期性振动，意味着振动的波形会以同一个时间间隔、一次又一次地重复，因此正弦波具有可预测性与可测量性。为了表示在单位

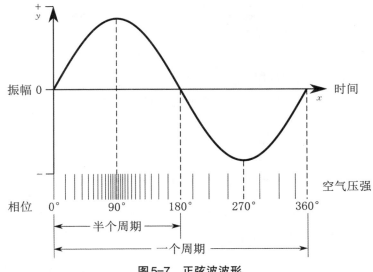

图5-7　正弦波波形

时间内振动的次数，即表示振动的快慢，我们定义了频率（Frequency）这个概念。频率是周期性振动在1秒钟内振动的次数。频率的单位为赫兹（Hz），早些年也使用过周（Cycle）作为频率的单位。100 Hz即表示周期性振动在1秒钟振动了100次。

人们可听到的频率范围为20～20 000 Hz（20 kHz）。但是这个频率范围也是一个平均值，每个人能够听到的真实频率范围会受到先天、年龄及用耳习惯等因素的影响。频率低于20 Hz的声音为次声波，往往通过固体传播。例如大型货车从身边开过，可以明显感觉到地面的振动。这个频率虽然人耳听不到，但是可以通过身体感觉到。频率高于20 000 Hz（20 kHz）的声音为超声波，由于其具有非常明显的方向性，因此经常用于距离测量。常见超声波测距模块（图5-8）通过发出一个短促的40 kHz超声波脉冲，并测量其反射回声所经历的时间即可得知距离。

图5-8　超声波测距模块

用于表达声音振动快慢的另一个参数则是周期（Period）。周期为周期性振动完成一次完整振动所需的时间。周期的测量可以通过测量振动中两个波峰之间的时间差来得到。周期和频率互为倒数，即公式5-1。所以当某个振动频率变高时，其周期变短，反之亦然。可以想象一下，当频率变高时，单位时间内完成的振动次数变多，每次振动的时间就要变短，结果周期变短。

$$f = \frac{1}{t} \text{ 或 } t = \frac{1}{f}，其中 f 为频率，t 为周期$$

公式5-1　频率与周期的关系

例如一个频率为500 Hz的正弦波，即代表1秒内振动的次数为500次，每次振动需要0.002秒，即2毫秒。电子校音器通过测量拾取到声音的振动周期来计算频率读数。

声音振动的频率与音高有一定关系，但是不能将两者混为一谈。音高是人们对频率高低的主观感觉；而频率则是对于振动周期测量的客观数值。我们会在本章第三节中详细讨论。

二、相位与极性

我们已经知道了如何表达振动中每个周期的时间。但是如果仍然使用时间来表达振动中特定的振动位置则会遇到困难。其原因在于不同频率的振动有着不同的周期，因此不同频率下的某个相同振动位置的时间也是不一样的。例如对于100 Hz的振动，其周期为10毫秒，完成半个周期则需要5毫秒；而对于200 Hz的振动，其周期为5毫秒，完成半个周期则需要2.5毫秒。为了表达振动中特定的位置，我们使用了相位这个概念。

相位（Phase）为振动中某个位置相对于初始位置的时间关系。这个时间关系使用角度来表达，360°为一个完整的周期。初始位置为0°，即每个周期开始的位置；完成一个周期的位置为360°，也是下一个周期的0°。使用相位表达振动中特定的位置就可以忽略振动频率，例如任何频率的180°相位都是指振动到达了一个周期的一半。

从图5-9中我们可以看到如何用相位来表达不同时刻开始振动的正弦波，或者存在时间差的正弦波。如果两个正弦波同一时间开始，则这两个正弦波中相同时间的任何两点的振动都完全一致，我们将这种状态叫作同相

（In Phase），即图5-9中的1和2；如果两个正弦波的开始振动时间相差了1/4周期，这种状态叫作90°反相（Out of Phase），即图5-9中的1和3；如果两个正弦波的开始振动时间相差了1/2周期，这种状态叫作180°反相（Out of Phase），即图5-9中的1和4。

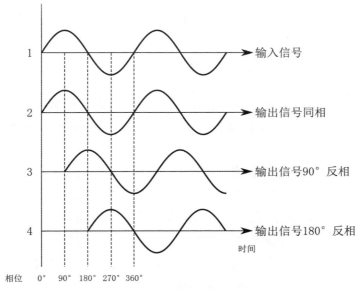

图5-9　不同相位的正弦波

不同正弦波之间的相位差别会影响其互相叠加的结果。两个同相的正弦波（图5-9中1和2）叠加后振动会增强；两个反相的正弦波叠加后振动会抵消；两个180°反相的正弦波（图5-9中1和4）叠加后振动会完全抵消。

需要特别注意：两个180°反相的正弦波（图5-9中1和4）看上去波形上下颠倒，这是由于正弦波的前后半个周期的幅度变化完全一致，只是上下相反。如果我们使用其他波形，例如锯齿波，则180°反相后叠加并不会发生抵消现象（图5-10）。

为了区分波形上下颠倒是由于时间差引起的还是真正的上下颠倒，我们引入极性（Polarity）这个概念。由于振动都以一个平衡位置为中心（图5-7）进行往复运动，当振动向 y 轴正方向运动时，我们规定这个振动正处于正半周；当振动向 y 轴负方向运动时，我们规定这个振动正处于负半周。如果两个振动在一个周期内以完全相同的方向运动，这种情况叫作同极性（Normal

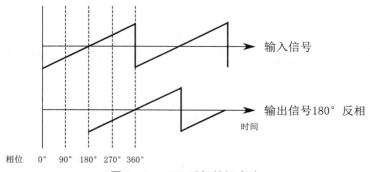

图5-10　180°反相的锯齿波

Polarity）；如果两个振动在一个周期内以完全相反的方向运动，即一个振动正处于正半周，而另一个振动处于负半周，这种情况叫作反极性（Reverse Polarity）。

　　在录音及混音过程中，需要注意多支话筒之间的相位及极性对声音的抵消及影响。例如一套鼓组可能会用到八支甚至更多的话筒，此时会发生如图5-11所示的相位及极性问题。图中第一轨为军鼓上方话筒，第二轨为军鼓下方话筒。这两支话筒振膜相对，因此军鼓被敲击产生的鼓皮运动，会使两支话筒的振膜以相反的极性运动；图中第三轨为鼓组的整体话筒，该话筒放置在整套鼓组的上方，军鼓距离整体话筒的距离更远，因此该话筒所拾取的声音与军鼓话筒的声音之间存在相位差（时间差）。

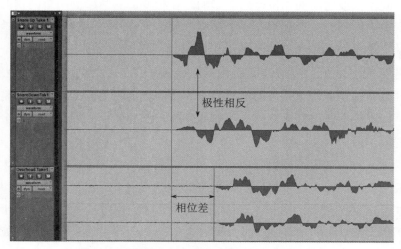

图5-11　军鼓在不同话筒中的相位及极性差别

在音频处理中可以使用周边效果器或插件效果器对相位或极性进行处理。例如图5-12为Little Labs的IBP相位校准处理器，其中Phase Adjust用于调整相位，Phase Invert用于调整极性。

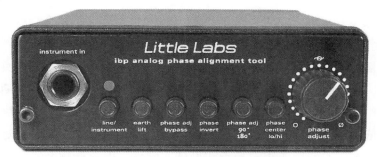

图5-12　Little Labs IBP相位校准处理器

值得注意的是，目前大部分厂商仍然在混合使用相位与极性两个词。只有少部分厂商强调极性这个概念。例如上图IBP中的Phase Invert是指极性反转，使用Polarity Invert会更合适，而Meyer Sound的音箱处理器均使用了极性（Polarity）。为了防止混淆相位与极性的概念，我们主要看是否有Invert或者Reverse的字样。有这种字样的均指极性，即振动的上下颠倒；仅仅标注Phase的均指相位，即振动的时间差。

三、波长

波长（Wavelength）用于表达声音在振动过程中完成一个周期所发生的位移。了解不同频率声音的波长在录音过程中具有很重要的意义，例如通过改变话筒的摆位，可以改变对不同频率声音所拾取的结果，或者使用吸声板、扩散板及隔音板进行正确的声学处理，可以在录音棚中得到最合适的声音。

和周期类似，对声音波长的测量也可以通过测量波峰与波峰之间的距离得到，但是波长与周期的不同点在于，波长同时还受到声音传播速度的影响。声音传播速度越快，单位时间内传播的距离越长，同样频率或周期的声音波长越长。通常在20℃空气中，声音传播的速度约为343米/秒。声音传播的速度受到温度和湿度等因素的影响，因此在户外音响系统中要考虑到这些因素。但是在录音棚中这些影响可以忽略不计。

波长使用希腊字母 λ 表示，通过公式5-2可以计算出波长：

$$\lambda = \frac{c}{f}，其中 c 为声音传播速度，f 为频率$$

公式5-2　波长的计算公式

我们现在以鼓组中的两种乐器为例，来分析波长对拾音及声学处理的影响。

鼓组中的底鼓为低频乐器，其基频频率约为60 Hz，此时波长约为5.72米。如果我们观察60 Hz的振动在空气中传播的情况可以发现，当该频率的声音从底鼓的位置开始传播时，第一个幅度最大的位置（1/4周期，即相位为90°）将出现在约1.43米的位置。在此位置放置话筒的话，可以得到非常强的低频成分。由于低频的波长都很长，因此面积较小的房间对低频的处理都比较困难。由于隔音板无法做到非常大，因此低频会绕过隔音板继续传播。另外，如果房间中并没有放置专门吸收低频的声学处理模块（例如低频声陷），则低频会在房间中随意传播及反射，产生非常闷的声音。

鼓组中的镲片为高频乐器，其基频频率约为16 kHz，此时波长约为0.021米，即2.1厘米。由于该频率的声音波长太短，其发生180°反相（1/2周期）的时间差仅仅需要1.05厘米，经过一个周期后再次发生180°反相（1+1/2周期）的时间差也仅仅需要3.15厘米。这就意味着如果有两支话筒都能拾取到镲片的声音，只要以厘米的精度调整两支话筒的间距，拾取到的声音会发生巨大的变化。

第三节　如何描述声音——以频率为参考

现在我们来仔细看看频率与音高的关系。音高是人们对频率高低的主观感觉；而频率则是对于振动周期测量的客观数值。就像我们将振幅判断为响度，我们将频率判断为音高。我们仍然以一根吉他弦振动为例。当吉他弦振动时，其振动会包含多种模式。每个模式的振动频率都是一个基础振动频率的倍数，这个基础振动频率是所有振动中频率最低的振动，叫作基频（Fundamental）或一次谐波（1st Harmonic），其余的振动频率均为基频的倍数，例如基频两倍频率的振动叫作一次泛音（1st Overtone）或二次谐波（2nd Harmonic）；基频三倍频率的振动叫作二次泛音（2nd Overtone）或三次谐波（3rd Harmonic），以此类推。这些泛音与基频共同组成了一个音色。

为了分析泛音的排列与幅度关系，我们需要将分析从以时间为参考改变为以频率为参考，即分析不同频率上的振动变化。这种分析方法叫作频域分析（Frequency Domain Analysis）。频域分析的结果使用频谱（Spectrum）来显示，如图5-13所示。图中 x 轴为频率，y 轴为幅度。

声音信号转换为频谱所使用的方法是快速傅里叶变换（Fast Fourier Transform，简称FFT）。能够进行FFT并显示频谱的设备叫做频谱分析仪（Spectrum Analyzer）。频谱分析仪既可以是硬件，也可以是DAW软件中运行的插件。

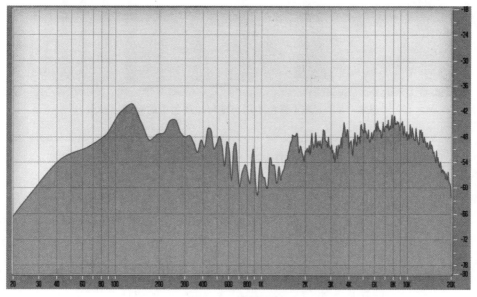

图5-13　频谱显示

通过使用频谱分析仪，我们可以看出不同的乐器之间的音色差别是由于泛音的排列与幅度不同造成的。例如图5-14所示频谱中，黑色为人声的频谱，灰色为小提琴的频谱。人声与小提琴演奏同一个音，此时基频的幅度几乎一致；但是不同泛音的幅度却不同，对于人耳来说，听上去就是不同的音色。传统模拟周边效果器，例如基于电子管的话筒、话筒放大器及压缩器，能够为其处理的声音增加特殊的音色，其基本原理也和乐器类似，即增加部分泛音。在当今的DAW软件中，厂商通过学习这些设备的声音特色，通过数字化算法也可以再现其特有的声音特色。

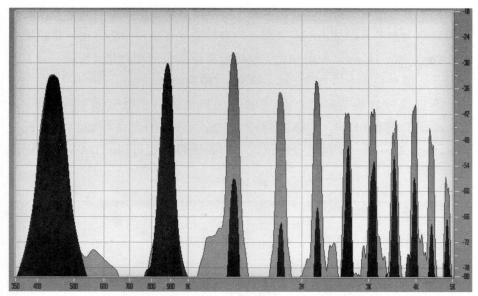

图5-14　人声（黑色）与小提琴（灰色）的频谱比较

第四节　振　　幅

  振幅（Amplitude）是指振动偏离中心位置的最大幅度。对于本章第二节所介绍的简谐振动来说，就是重物振动能够达到的最高点或最低点。对于声音振动来说，振幅就是乐器振动的最大幅度或者空气分子被压缩或舒张的最大程度。人耳将振幅判断为响度（Loudness），振幅越大，声音听上去越响。当声音经过话筒转换为电信号后，振幅就由电信号的电压来表达，可以使用电压表或示波器进行测量，或者在DAW软件中以电平表或波形的高度来显示。

  除了振幅和响度以外，我们也会使用增益、音量及动态等概念来表达声音轻响。而这些概念又有着类似的单位，仅分贝（dB）这一个单位就会被用在真实世界、电信号甚至数字系统中。所以正确地表达声音轻和响所涉及的内容非常多，而且部分概念和单位也经常被混淆或错误使用。因此我们首先需要了解人耳的听觉特性。

一、指数与对数

  人耳对声音变化的承受能力范围几乎是从无穷小到非常大的。如果我们使用重量进行类比，我们耳朵能够承受的强度变化范围相当于从一根羽毛到一幢30层楼的重量范围。我们能够听到的最轻声音到最响声音，即听觉阈限至听觉痛阈的变化范围是一比一万亿，即 1：1 000 000 000 000。人耳对这么大范围的变化感知也不是线性的，而是成倍变化的。例如从1到10的变化、从10到100的变化以及从100到1 000的变化对于人耳来说都是同样的等增量变化。

为了表达这种变化，我们引入指数的概念。指数（Exponent）变化是指以10、100、1 000……这种规律进行的变化。指数变化可以写成10^1、10^2、10^3……我们可以发现底数10并未改变，改变的只是指数，即10^1、10^2、10^3……上面的小数字。使用指数后，我们可以把变化范围非常大的数字进行更简单的表达。例如只需表达指数是1、2、3……即可。

当我们需要求得指数时所进行的运算就是对数（Logarithm）运算。仍然以10、100、1 000……为例，为了求得1、2、3……这些指数，由于10、100、1 000……都是以10为基础进行计算的，因此我们只需将这些数字进行以10为底的对数计算即可得出指数。即$\log_{10}(x)$。例如：$10^2=100$，因此$\log_{10}(100)=2$。

这样我们就可以把从1到10 000 000这个巨大的变化，简单地描述成从0到7的对数变化，即从$\log_{10}1=\log10(10)^0$变化到$\log_{10}10\ 000\ 000=\log_{10}(10)^7$。

二、功率与强度

现在我们将重新梳理响度与振幅之间的关系，或者更准确地说是响度与功率或强度的关系。功率或强度是对声音振动实体进行直接测量的结果；响度则是对某个声音振动强弱的主观感觉。

功率（Power）用于描述单位时间内生成或消耗的能量，其单位是焦耳/秒。

$$P = \frac{E}{T}$$

其中P=功率，E=能量（焦耳），T=时间（秒）

公式5-3　功率的公式

功率的单位通常为 W（Watt，瓦特），1 W 等于1焦耳/秒。因此，50 W

功率放大器在满功率工作的情况下每秒钟生成50焦耳的能量。

我们可以把功率想象成某人所完成的工作。由于功率是随时间变化的能量积累，因此声音必须有一定的能量，以便产生功率。这个能量来自最初被扰动的空气分子。因此当空气第一次被挤压后，能量被临时保存，随着振动的传播，这个能量被施加到随后的空气中。振动的幅度越大，空气被挤压得越大，被保存及随后施加的能量也就越大，因此功率越大。

强度（Intensity）是描述每秒钟经过某个给定面积的能量的总和，对于声音来说，这个能量就是声能，其单位是W/m²（瓦特/平方米）：

$$I = \frac{P}{S},$$

其中 I=强度，P=功率，S=面积（平方米）

公式5-4　强度的公式

根据这两个公式，我们可以得知，功率是描述某个声源所固有的能量，而强度则是这个能量分布到整个空间后的结果。仍然以刚才敲击的鼓皮为例。以不同力度敲击的鼓皮振动有着不同的功率。敲击的力度越大，功率也就越大。但是人耳听到的声音响或轻不仅与功率有关，还与听者和鼓皮的距离以及周围环境有关。因此，即使功率相同，但是最终听到的响度也会不同。在随后的章节中，我们会经常交替使用功率或强度这两个概念。例如信号在音频线中传播时，这些信号不会受到周围环境的影响，因此我们可以直接使用功率。但是当这个信号从扬声器等输出设备辐射到空间后，我们便会使用强度。

最后，由于功率变化引发的强度变化被人耳听到后，即变成了我们所感知的响度变化，因此响度的变化与功率的变化可以直接关联起来。由于人耳感知响度是以对数变化的，这就意味着功率的变化也要以对数变化。例如从10 W到20 W的功率变化所产生的响度变化，与从20 W到40 W的功率变化所产生的响度变化一样。而对于听感响度的加倍，会变成功率指数的加倍，即功率需要从1 W变化到10 W。而再次需要响度的加倍，功率需要从10 W变化到100 W。

第五节 分 贝

一、贝尔（Bel）与分贝（deciBel）

我们已经了解了对数、功率、强度及响度的关联，现在可以使用一个单位来表达其对数的变化。这个单位就是 Bel（贝尔），其数学定义如下：

$$\Delta\,功率（以\,Bel\,为单位）= \log_{10}\left(\frac{P_1}{P_0}\right)，其中\,\Delta\,代表变化，$$

公式 5-5　Bel（贝尔）的定义

其中 P_0 代表参考功率，而 P_1 表示将要与参考功率相比较的功率，所以每次功率增加为原来的 10 倍，例如从 1 W 到 10 W，或从 10 W 到 100 W，每次的变化都是 log10（10/1）=1 Bel。如果我们将耳朵能承受的所有范围代入以上公式则可以得到：log10（10^{12}）=12 Bel。在对数比例中，整个听觉的范围就是 12 步，即 1 至 12 Bel。

但是人耳的听觉不仅有很宽的范围，同时还有很高的灵敏度，我们还可以判断 1 Bel 内发生的变化，因此 deciBel（dB，即分贝尔，简称分贝）被选为表达变化的单位。dB 就是十分之一 Bel（就像分米与米一样）。由于 10 dB 等于 1 Bel，因此上面的公式可以改为：

$$\Delta\,功率（以\,dB\,为单位）= 10\,\log_{10}\left(\frac{P_1}{P_0}\right)$$

公式 5-6　dB（分贝）的定义

所以 10 倍功率变化等于：

$$10\,\log_{10}\left(\frac{10}{1}\right) = 10\ dB$$

而人耳能承受的从最轻到最响的整个变化范围就是：

$$10\,\log_{10}\left(\frac{10^{12}}{1}\right) = 120\ dB$$

对于功率的减少，我们也可以使用负的dB来表达，例如使用dB表达功率减半时：

$$10 \log_{10}\left(\frac{0.5}{1}\right) = -3 \text{ dB}$$

0 dB并不代表没有声音，而仅仅表示功率并没有发生改变：

$$10 \log_{10}\left(\frac{1}{1}\right) = 0 \text{ dB}$$

在实际使用中，我们并不一定需要公式进行运算。我们只需了解常见的dB变化量与功率的倍数变化关系即可，即功率加倍等于+3 dB；功率10倍等于+10 dB，反之亦然。然后我们可以根据功率倍数的变化，对dB变化量进行加减即可快速估算功率的变化。例如，20倍的功率变化是10倍功率变化的加倍，即10+3=13（dB）；50倍的功率变化是100倍功率变化的一半，即20-3=17（dB）。至于其他的倍数，则需要使用带有对数功能的计算器来计算，例如160 W相比于50 W的dB变化量：

$$\Delta \text{ 功率} = 10 \log_{10}\left(\frac{160}{50}\right) = 10 \log_{10} 3.2 = 5 \text{ dB}$$

熟悉dB变化量与功率的倍数变化关系有助于我们估计功率放大器的功率变化所产生的响度变化。例如有两台功率放大器，其功率分别是1 000 W和250 W，如果这两台功率放大器都在满功率下工作，其带来的响度变化多有大？由于1 000 W相对于250 W是4倍功率，即加倍的加倍，因此dB的变化量为3+3=6（dB）。6 dB在听感上有很大变化吗？听上去会有变化，但是这个变化幅度可能没有我们想象的大。

二、声压级

上节讨论dB时我们可以发现，dB是两个数值的比值，所以dB是相对值，即我们必须事先规定一个参考值，然后将当前的数值与参考值进行比较求得。这就意味着仅仅说dB而不规定参考值，我们并不能得到准确的数值。例如10 dB，仅仅代表功率变化了10倍。可是变化了10倍以后是多少？如果没有参考值我们是不知道的。而如果说100 W增加10 dB，那么我们就能知道当前的功率是1 000 W。每次讨论dB都需要指明一个参考值并不是很方便，因此在实际工作中经常会使用固定参考值的dB单位，即绝对dB单位。

在表达真实世界声音响度的时候，我们会使用声压级（Sound Pressure Level 或 Lp）这个物理量。这个概念从单位面积上受到的强度，即由压强而来。由于功率与压强的平方成正比，压强的线性变化导致了功率的平方变化，所以我们得到了以下公式：

$$\Delta \text{功率（以分贝为单位）} = 10 \log_{10}\left(\frac{P_1}{P_0}\right) = 10 \log_{10}\left(\frac{p_1^2}{p_0^2}\right) = 10 \log_{10}\left(\frac{p_1}{p_0}\right)^2 = 20 \log_{10}\left(\frac{p_1}{p_0}\right)$$

其中 Δ 代表变化，P_0 和 P_1 代表功率，而 p_0 和 p_1 代表压强

公式 5-7　功率与压强的 dB 表达公式

因此，如果需要以 dB 为单位计算两个压强的差别时，可以使用以下公式：

$$\Delta \text{压强（以 dB 为单位）} = 20 \log_{10}\left(\frac{p_1}{p_0}\right)$$

公式 5-8　压强的 dB 表达公式

当我们讨论声压级时，我们所采用的参考值为压强听觉阈限，对应的压强为 0.000 02 N/m²，或 0.000 2 dynes/cm²，或 0.000 02 Pa 即 20 μPa。我们将此时的压强叫做 0 dB。为了区分以听觉阈限为参考的 0 dB 与其他 0 dB 的区别，我们在 dB 后加入 SPL，即 0 dB SPL。此时，dB SPL 就成为绝对 dB 单位，可以直接使用。

例如当我们说 40 dB SPL 时，表示当前的声压级比 0 dB SPL 高出 40 dB。然后我们可以通过以下公式计算出实际的声压级：

$$20 \log_{10}\left(\frac{p}{0.000\ 02}\right) = 40 \text{ dB SPL}$$

公式 5-9　实际声压级计算公式

其过程如下：

$$\log_{10}\left(\frac{p}{0.000\ 02}\right) = 2$$

$$\frac{p}{0.000\ 02} = 10^2$$

$$p = 0.000\ 02 \times 10^2 = 0.002$$

所以40 dB SPL对应的压强为0.002 Pa，也就是比0.000 02 Pa多了40 dB。由于人耳的听觉变化与对数dB比例更相关，而不是线性压强比例，因此我们有时可以忽略压强，而直接使用声压级。事实上，当我们使用声级计对声压级进行测量时，其内部的话筒拾取压强的变化，并把变化转换为dB形式，而这个dB的参考压强就是0.000 02 Pa。也正是由于这个原因，我们偶尔会混合使用强度或声压级，因为这两个物理量以dB为单位的变化是完全一致的。

dB SPL被经常用于与响度有关的参数中。例如话筒的技术指标中的不失真下能够承受的最大声压级，通常使用dB SPL为单位，某话筒能够承受的最大声压级为140 dB SPL，表示该话筒可以拾取非常响的声音，如底鼓或吉他音箱。控制室中声级计也直接显示声压级，典型的控制室响度在80～85 dB SPL之间，这样可以保证如果工作时间较长也不会对听力产生永久性损伤。当然有些混音师比较倾向在较小的响度下混音，只是偶尔使用较高的响度用于检查不同音量下的结果，或者给客户以深刻的印象。常见场合下的声压级可参考表5-1。

表5-1　常见场合下的声压级

声压级dB SPL	典　型　场　合	典　型　距　离
120	听觉痛阈，可能会引起听觉损伤	人耳处
110	摇滚音乐会现场	环境
100	气动冲击锤	约1米
90	嘈杂的公路	约10米
80	喷气式飞机机舱（巡航高度）	环境
70	EPA规定的可防止听力损失的最大值	环境
60	正常交谈	约1米
50	夜晚的郊外	环境
40	安静的室内	环境
30	安静的录音棚	环境
20	耳语	约1米
10	落叶	环境
0	1 kHz听觉阈限	人耳处

三、反平方定律

反平方定律（Inverse Square Law）表达了声压级与声源距离之间的变化关系。由于声音从一个点以球面形式向外传播。直观地来讲，距离声源越远，声源辐射出的固有功率所扩散的面积越来越大，声压级也就越来越低。一个点声源以球面方式传播的强度可以使用以下公式计算：

$$I = \frac{P}{4\pi r^2}, \text{其中} 4\pi r^2 \text{是球面的面积} 。$$

公式 5-10　球面波强度计算公式

从公式上我们已经可以看出，当半径 r 增加时，面积以 r 的平方增加，同样的功率经过这个增加的面积时，其强度在水平和垂直方向都发生了衰减，即衰减的平方。这样我们就可以把计算强度的公式改写为距离的公式：

$$\Delta \text{强度（以dB为单位）} = 10 \log_{10}\left(\frac{\frac{1}{r_1^2}}{\frac{1}{r_0^2}}\right) = 10 \log_{10}\left(\frac{r_0^2}{r_1^2}\right) = 10 \log_{10}\left(\frac{r_0}{r_1}\right)^2 = 20 \log_{10}\left(\frac{r_0}{r_1}\right)$$

公式 5-11　距离的 dB 表达公式

由于强度的 dB 表达方式与声压级的 dB 表达方式有着同样的变化，因此我们可以计算出距离加倍后声压级的变化：

$$\Delta \text{声压级（以 dB 为单位）} = 20 \log_{10}\left(\frac{r_0}{r_1}\right) = 20 \log_{10}\left(\frac{1}{2}\right) = 20 \times -0.3 = -6 \text{ dB}$$

从以上公式可以得出反平方定律的内容如下（首先假设以下两点）：

1. 完美点声源，没有指向性；
2. 完美自由声场，没有反射。

符合以上两点后，每当声源与听者距离加倍时，声压级衰减 6 dB。

请注意反平方定律强调了距离的加倍，这就意味着如果距离音箱 1 米处得到 80 dB SPL 的声压级，当距离变化为 2 米后，声压级变为 74 dB SPL；如果再衰减 6 dB，即 68 dB SPL，距离将变化至 4 米。

反平方定律在录音过程中对于话筒的摆位具有很重要的意义。当话筒距离声源越近，话筒收到的声压级越大，话筒放大器上的增益可以调整的就越小，相当于其他乐器串进该话筒的声音也越小，话筒拾取的声音就越干净。这种拾音方法叫作近距离拾音（Close Miking），被广泛用于流行及摇滚音乐录音中。近距离拾音拾取的声音干净、串音少，方便对声像位置及音色的处理，同时减少了相位抵消的发生。

在现场扩音中，反平方定律也可以用于估算达到一定声压级所需的音箱及功率放大器的功率。例如听者与音箱之间的距离所产生的声压级衰减，可以使用功率放大器进行补偿。而当这些变化量全部转换为dB的表达形式后，直接对其进行简单的加减即可。我们会在本章第六节中进行计算。

四、电压

在前几节的计算中，我们主要讨论了真实世界中的声音振动。当声音以电信号形式表达时，我们需要一个用于表达电压的绝对dB单位方便其使用。为了定义这个单位，我们先使用电功率，因为其变化趋势仍然与真实世界中一样，即

$$\Delta \text{功率}(\text{以 dB 为单位}) = 10 \log_{10}\left(\frac{P_1}{P_0}\right)$$

公式5-12　功率的dB表达方式

电功率仍然满足加倍增加3 dB及10倍增加10 dB规律。我们使用欧姆定律中的功率与电压关系，即可求得电压的dB表达方式：

$$P = \frac{U^2}{R}$$

$$\Delta \text{电压}(\text{以dB为单位}) = 10 \log_{10}\left(\frac{P_1}{P_0}\right) = 10 \log_{10}\left(\frac{U_1^2}{U_0^2}\right) = 10 \log_{10}\left(\frac{U_1}{U_0}\right)^2 = 20 \log_{10}\left(\frac{U_1}{U_0}\right)$$

公式5-13　电压的dB表达方式

通过公式5-13可以看出，电压加倍增加6 dB，电压10倍增加20 dB。

常用于电压绝对dB单位的0 dB参考值有dBu与dBV。

dBu，早些年也被称为dBv，但是由于其太容易与下面介绍的dBV相混淆，因此现在使用dBu作为单位。所定义的0 dB电压为0.775 V，该数值源

于早期的电话系统：当600 Ω电阻消耗1 mW热功率时，根据欧姆定律计算其两端的电压为0.775 V。该标准主要用于专业音频设备表示其输入或输出电压高低。例如某专业声卡的最高输出电压为+24 dBu，将其转换为以V为单位可以求得其电压为：

$$\Delta \text{电压(以 dB 为单位)} = 20 \log_{10}\left(\frac{\text{输出电压}}{0.775}\right) = 4 \text{ dB}$$

$$\text{输出电压} = 0.775 \times 10^{\frac{24}{20}} \approx 12.28 \text{ V}$$

既然电压可以用V来表达，却规定使用dBu的原因就是各种电压、功率及声压级等不同的单位转换为dB后，所有的变化量都会一致，方便日常计算，同时用于测量音频信号的电平表（Level Meter，也是一种电压表）就可以使用dB作为单位，这样电压就与听感的响度变化关联起来了。

dBV所定义的0 dB电压为1 V，主要用于民用设备的电平输出。例如某CD机的输出电压为−10 dBV，将其转换为以V为单位可以求得其电压为：

$$\text{输出电压} = 1 \times 10^{\frac{-10}{20}} \approx 0.316 \text{ V}$$

数字音频系统中所使用的电压已经被量化成连续的二进制数字。为了同样以绝对dB单位来表达数字音频系统中二进制数字所代表的幅度高低，数字系统中定义了其专用单位：dB FS。（我们会在第二部分第六章第三节进行讨论）

第六节　增　益　结　构

现在我们已经了解了使用dB来表达各种与声音有关的物理量。将这些物理量转换为dB后，不同的物理量所产生的以dB为单位的变化就一致了，这样我们就可以分析从声音输入到输出的整个过程中这些物理量发生了什么变化。了解这些物理量变化的过程有助于提升整个系统的信噪比及动态范围。为了讨论这个问题，我们需要将我们讨论过的电平及引发电平变化的过程，即增益级（Gain Stage）连接起来，成为一个完整的增益结构（Gain Structure）。增益结构是对整个音响系统从信号输入到信号输出的过程中所有可能发生电平变化的环节进行表示及标定。在增益结构的过程中需要特别注意灵敏度（Sensitivity）这个物理量。灵敏度用于表达某个设备输出信号达到指定信噪比或其他指标时所需的最小输入信号幅度。当两个设备的输入电平同样时，灵敏度较高的设备能够输出更高的电平。在具有灵敏度的环节中，我们需要一些额外的计算将灵敏度转换为实际的电平高低。

现在我们以一个实例进行分析。整个信号流程相对简单：我们有一个点声源，使用一支话筒对其进行拾音，然后该话筒信号送入调音台某个通道的话筒输入，经过通道推子、总推子、控制室音量控制，送至监听音箱发声，最后被听者听到。在整个过程中，我们会将各种模拟量转换为使用dB表达的形式，并对其进行加减。

在每个增益级中，我们必须关心其提供的动态范围。我们的目标就是充分利用好每个增益级所提供的动态范围，从而保证经过整个系统的信号能够保持在优化的电平，既不受底噪影响，也不会发生失真。由于整个系统能够提供的最大动态范围由最薄弱的环节决定，所以在整个增益级别中有任何一个级别使用不当，整个系统的性能都会受到影响。提升动态范围的第一级就在话筒之前，也就是说我们要减少环境声音对我们将要拾取的声音的影响。在室内可能有通风系统噪声、灯光系统噪声以及附近的串音（附近的演出、交通噪声等）。在这一级中，我们可以将话筒远离噪声源，而靠近将要拾取的声源。

我们在距离声源1米处测得的声压级为60 dB SPL，话筒摆放于距离声源0.5米的位置。所以第一步需要计算声源的声音到达话筒时的响度。这步计算我们会使用反平方定律，并假设房间混响并未影响声音拾取。其计算如下：

$$NR = 20 \log\left(\frac{D_2}{D_1}\right) = 20 \log\left(\frac{0.5}{1}\right) \approx -6 \text{ dB}$$

话筒距离0.5米所拾取到的声压级比1米时测量的声压级衰减了 -6 dB，即增加了6 dB，因此话筒所拾取到的声压级为60+6=66 dB SPL。

根据话筒的技术指标可以得知，当其受到1 Pa的压强时，能够产生 -40 dBu的电压。我们现在就需要计算66 dB SPL能够产生的电压。因此我们要计算1 Pa与66 dB SPL之间的差距。由于1 Pa≈94 dB SPL，而94−66=28 dB，66 dB SPL能够产生的电压就要比94 dB SPL（即1 Pa）低28 dB，所以话筒的输出电压为−40−28=−68 dBu。

话筒的输出电压送至话筒放大器，话筒放大器的增益设置为54 dB，因此经过话筒放大器放大后的电压为−68+54=−14 dBu。

调音台中的每个增益级都能够提升或衰减电压。在本例中，假设通道推子设置为 0 dB，因此通道推子不会改变电压；总推子又进行了 2 dB 的衰减，因此其后的电压为−14−2=−16 dBu；监听音量旋钮设置为−10 dB，因此调音台监听输出口送至监听音箱的电压为−16−10=−26 dBu。

根据监听音箱的技术指标，输入+6 dBu 可以在 1 米的位置得到 100 dB SPL 声压级，所以我们需要计算−26 dBu 在 1 米的位置所得到的声压级。此时输入电压低了 6−(−26)=32 dB，因此在 1 米的位置所得到的声压级也衰减了 32 dB，即 100−32=67 dB SPL。

听者距离音箱 1.5 米，根据反平方定律，可以求得 1.5 米外声压级的衰减量：

$$20 \log\left(\frac{1.5}{1}\right) \approx 3.5 \text{ dB}$$

因此，5 米外的听者实际听到的声压级为 67−3.5=63.5 dB SPL。

第七节　峰值与均方根值

对于音频电信号，我们除了使用电压表或电平表来测量外，还可以用示波器来观察其波形，同时进行测量，图 5-15 所示为示波器显示的正弦波波形。

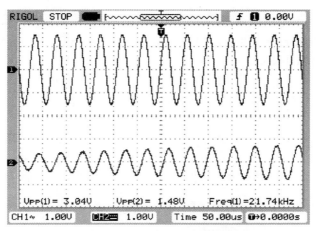

图 5-15　示波器显示的正弦波波形

示波器的屏幕具有两个轴：x轴刻度代表单位时间（单位毫秒或微秒）；y轴刻度代表单位电压（单位V）。由于示波器能够将波形图形化，因此使用示波器可以测得如下数值。

峰值（V_p）：一个振动周期内振幅的最大值（波峰）与x轴（0 V）之间的差距。

峰—峰值（V_{pp}）：一个振动周期内振幅的最大值（波峰）与最小值（波谷）之间的差距。

不同的声音在示波器上会呈现出不同的波形。对于两个波形比较接近的声音来说，振幅越大听上去越响。但是如果两个波形的形状差异较大，那么振幅与听到的响度可能会没有直接关系。例如同样峰值的正弦波和方波，方波听上去会比正弦波响。其原因可以从波形上发现：方波的波形不是保持在最大值就是保持在最小值；而正弦波的波形只有在某一时刻（相位在90°及270°）才能达到最大值或最小值。

我们如何表达振幅才能使其数值接近于听上去的响度呢？最典型的办法就是使用均方根值（V_{rms}）。要求得某个声音的均方根值，首先将一段时间的振动分成若干小时间段，然后将每个时间段的振幅平方后求和，再除以分成的段数，最后将其开平方得到均方根值。其公式表示如下：

$$V_{rms} = \sqrt{\frac{(S_1)^2 + (S_2)^2 + (S_3)^2 + \cdots + (S_n)^2}{n}}$$

公式5-14　均方根值计算公式

均方根值是一种非常精确的平均电平，它与波形中固有的功率密切相关，因此均方根值与响度明显相关。对于连续的正弦波，其均方根值可以通过以下公式计算出来：

$$V_{rms} = \frac{V_{peak}}{\sqrt{2}}，反之 V_{peak} = V_{rms} \times \sqrt{2}$$

或者：

$$V_{rms} = 0.707 \times V_{peak}，反之 V_{peak} = 1.414 \times V_{rms}$$

公式5-15　正弦波均方根值计算公式

因此，如果某个正弦波的峰值为3 V，其均方根值为3 V×0.707=2.121 V；

如果某个方波的峰值为3 V，由于其任何时刻的峰值均相等，因此峰值等于均方根值，即3 V。以上公式非常实用，由于大部分测量设备都能方便地测量峰值，这样即可根据公式算出均方根值，但是需要注意，以上公式仅适用于连续正弦波。

如果某个波形非常复杂，例如打击乐，其峰值与均方根值会相差很多，甚至往往要高于正弦波的1.414倍。峰值和均方根值的差距叫作波峰因数（Crest Factor）。通常来说，声音越倾向于打击乐，波峰因数越高。对于这些波形，既可以使用公式5-14来计算均方根值，也可以使用专门用于测量均方根值的设备或专门的响度表（图5-16）进行直接测量。这种测量非常有用，因为均方根值与功率及人耳感知的响度非常有关。

图5-16　Dorrough 10-AE 响度表

第八节　动态范围

和dB类似，动态范围也会在某些场合被错误地表达及使用，因此我们在这里解释一下动态范围。

动态范围（Dynamic Range）的概念其实很简单：声音最响与最轻之间的差别。这里所说的声音既可以是真实世界的声音，也可以是音频系统中的电信号。想计算出动态范围也很简单，只要将最响的绝对dB单位数值减去最轻的绝对dB单位数值即可。由于动态范围是两个绝对dB的差值，因此动态范围是个相对单位，即使用dB表示，而不需要在其后添加用于表示绝对值的字母。

例如对于一场音乐会来说，最轻的声音就是音乐会上任何人都不发出声音。此时在场地里能听到的就是场地的底噪，此时我们使用声压计测量当前的声压级，例如30 dB SPL，这就是最轻的声音。在演出过程中，我们仍然使用声压计进行测量。如果到了乐队全体人员一起演奏的时候，我们得到了最响的声音，例如声压计的读数100 dB SPL，那么这场音乐会的动态范围为100−30=70 dB。

对于音响系统设备来说，最轻的声音即为不播放任何声音时设备输出的噪声，叫作本底噪声（Noise Floor）。我们使用电压表或电平表对设备输出口的电压进行测量，例如电平表的读数为−86 dBu，最响的声音为设备的最大输出电平（Maximum/Peak Level），例如+24 dBu，那么该设备的动态范围为24−（−86）=110 dB。

了解完动态范围的概念后，我们来看一下这句话：我播放两首歌曲给你听。这首歌曲听上去有点轻，动态范围有点小；但是另一首歌曲听上去好响，动态范围多大呀？这句话大家或许都听过，但是有没有考虑过这句话的对错？

其实这句话既是对也是错。对错要看所说的动态范围指的是人耳听到的动态范围还是音频文件本身的动态范围。

对于人耳所听到的动态范围，这句话是对的。此时计算动态范围的方法与刚才举例的音乐会基本一致。我们在听音乐时，周围环境的底噪就是最轻的声音，只要环境不变，这个底噪就不变，因此在听不同音乐时，最轻的声音是完全一样的；而不同音乐的最响，决定了我们听到的动态范围大小。听上去轻的音乐与房间底噪的差距比较小，所以听上去动态较小；听上去响的音乐与房间底噪的差距比较大，所以听上去动态较大。

但是如果在讨论音频文件的动态范围时，这句话就错了。因为我们听到的音量不一样，这已经是动态范围变化的一个因素。由于这个因素的改变，使得我们无法准确地判断音频文件的动态范围大小。想一想同一个音频文件，以小音量听和以大音量听，听上去的动态范围一定不同，但是音频文件本身的动态范围并未发生变化。

因此当我们比较不同音频文件的动态范围大小时，需要保证这些文件听上去的音量差不多，这时再根据我们听到的轻响变化差别，来判断音频文件的动态范围大小。请记住：动态范围是一个差别，而不是一个绝对的轻或响。

现在我们来比较两个音频文件，我们会从波形上看出音频文件的动态范围差别（图5-17）。

从波形上我们可以看出，两个音频文件波形的密集程度有所差别。第一个音频文件波形比较疏松，第二个音频文件波形比较拥挤，因此我们可以判断出，第二个音频文件听上去比第一个音频文件响。可是动态范围会

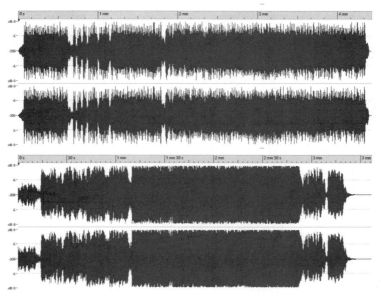

图5-17　上、下两个音频文件的原始波形

如何呢？我们知道，判断动态范围需要让不同的音频文件听上去一样响，所以我们根据均方根值电平表的读数差别减小第二个文件的音量，其结果如图5-18。

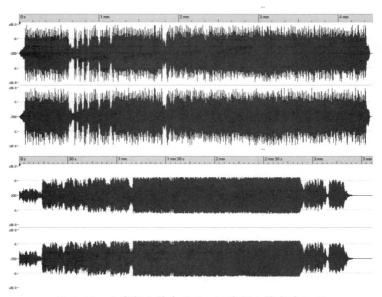

图5-18　上音频文件未处理，下音频文件衰减4 dB

现在两个文件听上去的音量一样了，动态范围的大小也很明显了：第一个音频文件的峰值比较高，而且波形起伏差距也比较大，因此动态范围也比较大；第二个音频文件的峰值比较低，而且波形起伏差距也比较小，尤其后半部分看上去是一堵墙，因此动态范围也比较小。

对这两个音频文件的总结如下：第一个音频文件动态范围大，但是听上去稍轻；第二个音频文件听上去稍响，但是动态范围小。

所以哪个文件好听？其实很难说，原因就是尽管我们已经知道了这两个音频文件的动态范围大小，但是其最终收听结果还是和回放设备及环境有关。别忘记对于我们听到的动态范围来说，最轻的声音就是周围环境的底噪，最响的声音则是由你拧的音量旋钮决定的。

我们可以模拟两个环境：首先我们在声学条件非常好的控制室，使用高质量的监听音箱来听。此时回放设备和环境都很好，第一个音频文件的动态范围能够充分地播放出来，听起来感觉自然好听；而第二个音频文件的动态范围较小，最大音量总是一样大，没什么变化，因此听上去感觉有点紧张。

但是，如果我们使用手机扬声器在嘈杂的路边收听，则结果可能完全不一样。手机扬声器的回放能力显然不如监听音箱，最大音量有限；而嘈杂的路边使得周围的本底噪声急剧攀升。结果就是第一个音频文件动态太大，很多细节被嘈杂的环境声音掩盖掉了，有点听不清；第二个音频文件的动态范围较小，但是这个文件始终能让手机扬声器拼命地响起来，听上去还可以。

所以在制作及混音的过程中，我们并不是一味地追求动态范围的大或者小，而是应该了解作品的风格，并根据该作品的最后目标媒体，在混音时将动态范围控制在符合该风格、且适合最终媒体的回放能力之内。由于现在使用手机等小型设备收听音乐的情况越来越多，所以现在歌曲做得越来越响，动态范围越来越小，波形看上去越来越像一堵墙，这个现象叫作响度战争（Loudness War）。

第九节　等　响　曲　线

在本章的最后，我们来讨论一下人耳所感知到的响度与声音频率的关系。

人耳实际上对不同频率声音的敏感度是不一样的。早在1933年，两位科学家弗莱彻（Harvey Fletcher）与芒森（Wilden A. Munson）就已经开始对此问题进行研究，并制作了第一份人耳对不同频率的响度差别的曲线：弗莱彻-芒森曲线（Fletcher-Munson Curves）。在1956年，另外两位科学家罗宾逊（D.W. Robinson）和达森（R. S. Dadson）优化了该曲线。2003年，基于罗宾逊-达森曲线形成了最终的ISO 226∶2003等响曲线（Normal Equal-loudness-level Contours）。该曲线如图5-19所示。

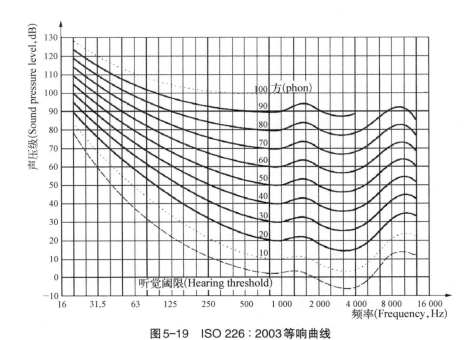

图5-19　ISO 226∶2003等响曲线

等响曲线中x轴为频率（单位Hz），y轴为声压级（单位dB SPL）。其中每条曲线代表了相对于1 kHz的参考响度，其他频率的响度为听上去与1 kHz"一样响"时的真实响度。例如当1 kHz的响度为50 dB SPL时，100 Hz想得到与1 kHz同样的响度，需要的声压级为60 dB SPL；而10 kHz需要大约55 dB SPL。

为了方便解释，人们定义了方（Phon）这个单位。方同样用于表达响度，对于1 kHz的频率，方与声压级（dB SPL）相等。每条等响曲线被叫作x方等响曲线。

通过等响曲线可以得知，人耳对3.5 kHz左右最敏感，对低频和高频不太敏感。但是随着响度的提升，人耳对低频和高频敏感程度也会提升，只是仍然不能达到中频的敏感程度。

等响曲线对于音频相关行业来说有着非常大的影响。例如在混音时，由于人耳在不同响度下对不同频率的敏感程度不同，因此必须对监听音箱的音量进行校准（80～85 dB SPL），否则过响的监听音量使人耳对低频高频过于敏感，导致监听时衰减低频或高频来达到自己的感觉预期；而过轻的监听音量使人耳对低频高频欠于敏感，导致监听时提升低频或高频来达到自己的感觉预期，从而破坏了不同频率的比例。

在进行声学测试时，拾音用的话筒并不具备人耳的听音特性，因此测试出的结果并不代表人耳的实际听感。这时需要给测试设备加上人耳频率特性相同的均衡器（详见第三部分第十一章第一节），来模拟人耳听到的真实感觉。这个"加上"的均衡器曲线即加权（Weighting）。根据不同响度及不同需要，有A、B、C、D、Z共五种加权模式。

A加权为最常用的声学测试模式。该加权曲线与40方等响曲线几乎相反，因此模拟了常规音量下的人耳频率响应特性。使用加权后的测试数据后会标记"A加权"，或者使用dB（A）这个单位。

B加权使用相对较少，已经在新的IEC 61 672：2003标准中被淘汰。

C加权主要用在关注低频对听觉影响的测试，其低频衰减较少，−3 dB衰减频率在31.5 Hz。另外对于高声压级响度的测试也可以使用C加权，因为该加权曲线与110方等响曲线几乎相反。

D加权符合IEC 537标准，用于高声压级飞机噪声测试。其曲线模拟了人耳对于3.5 kHz附近非常敏感的特性，测试时使用噪声作为测试信号。

Z加权为几乎平坦的加权曲线，允许声压计厂商使用自定义的频率修正曲线。

第六章
数字音频

数字音频是指将声音的电信号转换为数字化的数据形式，用于记录、编辑、存储、回放及分发的技术。广义的数字音频包括了任何形式数字化的声音，例如计算中数字化存储及传输的音频，通过网络传输的流式媒体，手机传输的语音以及数字音频广播等等；而我们一般所说的数字音频则仅仅代表计算机中数字化存储及传输的音频。

第一节　模拟信号与数字信号

真实世界中的声音是连续不断的、随时间变化的空气压强。声音被话筒拾取并转换为电信号后仍然是连续不断的、随时间变化的电信号。由于计算机无法直接处理这些连续的信号，因此使用声卡的模数转换器将其转换为不连续的离散信号进行处理。此时的数字化音频信号在时间和幅度上都具有某个数值，这些数值来自预先定义好的离散数据集。因此数字化的音频信号在传输及保存过程中几乎不会发生损失。

模拟信号转换为数字信号并对其编码的方法有很多。目前最常用的是PCM（Pulse-code Modulation，脉冲编码调制）编码方法。该方法采用以下步骤进行转换：

一、采样（Sampling）

将模拟信号转换为离散时间信号，此时的信号在 x 轴（时间）上已经变成离散的采样点，但是在 y 轴（幅度）上仍然是连续的信号。

二、量化（Quantization）

从预先定义好的离散数据集中选一个最接近数值替换掉采样点上的连续信号。随后该离散信号可以用于计算机对其进行记录、处理及输出等。

图6-1为数字采样基本原理图示。原始的连续信号（正弦波）被采集为26个采样点，每个采样点使用了包含16个数值的数据集来表达。

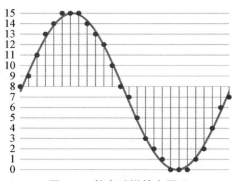

图6-1　数字采样基本原理

对于量化时使用的离散数据集，有完全线性变化的数据集，称为线性PCM（Linear PCM或者LPCM），即平时所说的非压缩音频，主要用于音频相关数字音频设备中，也是本书所讨论的数字音频编码格式。本书所提到的数字音频，在未单独说明的前提下均指线性PCM。对于使用非线性变化数据集的PCM（例如A-law或μ-law），主要在数字化语音通讯领域应用。

由于该转换过程包括两个步骤，因此用于描述PCM编码数字音频的参数就有两个：对应采样的采样率/采样频率以及对应量化的比特精度。

第二节　采样率/采样频率

采样率与采样频率虽然是两个不同的概念，但是它们表达的是同一个参数：单位时间内采集采样点的数量。

一、基本概念

采样率（Sample Rate）：表示单位时间内（通常为1秒钟）采样点的数量，单位是SpS（Samples per Second）或S/S（Samples/Second）。该概

念主要用于示波器及ADC芯片的技术指标。例如LTC2201芯片能够提供20 MSpS的采样率，即每秒钟能够采集20 M（2千万）个采样点。

采样频率（Sample Frequency）：表示单位时间内（通常为1秒钟）进行采样的次数，单位Hz。该概念主要用于数字音频相关参数表达，例如数字音频文件、声卡等规格。例如Steinberg Nuendo支持的最高采样频率为768 kHz，即每秒钟能够对采样点进行处理的次数为768 k（76万8千）次。

虽然我们在这里强调这两个概念的区别，但是在实际使用中这两个概念也会混淆使用，所以在软件里见到采样率后使用Hz为单位也不要太奇怪，看到SpS这个单位也不要太陌生。

以下为常见的采样频率及其用途。

8 kHz：主要用于电信等传输语音的数字音频系统。

32 kHz：主要用于数字化视频媒体的多通道音频及早期数字音频的存储（例如采样回放音源或采样器）。

44.1 kHz：CD Audio标准，PCM转换器，MPEG-1音频（VCD、MP3等）。

48 kHz：原为专业视频设备所使用的标准数字音频采样频率，其原因是每秒48 000个采样点可以兼容常见的帧速率。随后该标准被大量数字化视频媒体所采用，例如DV、数字电视及DVD等。现在48 kHz采样频率也被专业音频设备广泛采用，部分专业数字音频设备已经不提供44.1 kHz的采样频率（例如Studer Vista系列数字调音台）。

96 kHz：为2倍48 kHz采样频率，主要用于DVD-Audio、BD-ROM的音频轨及Hi-Res音频标准。该采样频率用于高质量数字音频系统中。

192 kHz，为4倍48 kHz采样频率，同样主要用于DVD-Audio、BD-ROM的音频轨及Hi-Res音频标准。该采样频率也可用于高质量数字音频系统中。但是需要注意的是该采样频率会产生相对大的数据量，部分数字音频系统在192 kHz下工作时会产生通道数量减少或效果处理能力减少等限制。

二、采样频率对声音的影响

由于采样频率是表达与时间相关的参数，因此采样频率对声音的影响也与时间或频率有关，包括以下三个方面：

1. 能够采集声音的最高频率

采样频率越高，能够采集声音的最高频率也越高。而两者的具体联系由奈奎斯特－香农（Nyquist-Shannon）采样定理所描述。其名称用于纪念两位科学家：哈里·奈奎斯特（Harry Nyquist）和克劳德·香农（Claude Shannon）。该定理将连续的模拟信号与离散的数字信号建立起基础关系，其内容如下：

对于一个频带限制在 B Hz 内的函数 $f(t)$，可以使用以 1/2B 秒为间隔的一系列点来完全确定该函数。

该定理看上去可能有点学术，但是我们可以将其转述为简单的形式。函数 $f(t)$ 可以理解为音频信号，1/2B 秒为一系列点的周期，可以求其倒数将其转换为频率，即 2B Hz，此时简单的形式如下。

对于一个频带限制在 B Hz 内的音频信号，可以使用以 2B Hz 为采样频率的一系列点来完全表达。如果将其反过来描述就是数字音频系统能够采集音频信号的最高频率为采样频率的 1/2。

对于 44.1 kHz 的采样频率，能够采集的最高频率为 44.1÷2=22.05 kHz。由于人耳可听到的频率上限为 20 kHz，因此 44.1 kHz 已经能够满足日常收听。而低于 44.1 kHz 的采样频率，由于其能够采集的最高频率已经低于人耳所能听到的频率上限，因此以 32 kHz 及以下采样频率进行采集的数字音频会表现为高频不足的现象。对于手机语音传输，其典型采样频率为 8 kHz，能够采集的最高频率为 8÷2=4 kHz，已经远远低于人耳所能听到的频率上限。此时的带宽也仅仅能够满足语言的传输，听上去声音闷闷的，人声中一些高频部分，比如齿音已经听不见了。

而对于更高的采样频率，例如 96 kHz，其能够采集的最高频率为 48 kHz。看上去采集 20 kHz 以上人耳所听不到的声音是无意义的，但是其真正原因是为了解决以下问题。

2. 瞬态响应

瞬态响应（Transient Response）指的是音频系统从无声状态（即振动的平衡位置）开始变化的响应能力。声音的幅度变化有很多种。有些乐器例如吹管乐器，其哨片或空气柱振动需要一定的时间累积才能振动起来，因此这类乐器的幅度变化是渐渐变强的，也就是所说的音头不明显；有些乐器例如打击乐，当鼓皮受到敲击后，鼓皮会快速开始压缩空气，因此这类乐器的幅度变化是非常快的，也就是所说的音头明显。对于这类音头明显的乐器，如果音频系统无法快速地反应幅度的快速变化，则会产生无法完全重现音头的问题，听上去声音软软的。

在模拟音频系统中，瞬态响应由元器件的转换速率（Slew Rate）参数影响，其单位为V/秒。例如Crown MA-5002VZ功率放大器的转换速率可达30 V/微秒。

在数字音频系统中，由于时间轴已经变为一系列离散的采样点，因此瞬态响应由采样点的间隔决定。采样点间隔越小，能够表达的幅度变化间隔越短，瞬态响应也就越好。例如在44.1 kHz的采样频率下，每个采样点的时间间隔为1÷44 100=0.000 022 7秒，即22.7微秒，这就意味着在44.1 kHz的采样频率下，最快的幅度改变时间也需要22.7微秒。如果需要更快的幅度改变时间，就需要间隔更短的采样点，也就是要提高采样频率。在192 kHz下采样点的间隔时间可以缩短至5.2微秒。

3. 立体声分离度

由于人耳分布在人头的两侧，因此来自不同方向的声音到达左、右耳的时间会产生差别。这也是人们判断声音方位的一个要素。根据计算双耳时间差的Woodworth公式，对于典型的人头及音箱摆位，当左、右耳听到声音的时间差达到约260微秒后，人们就感觉到声音已经明显偏向一侧了。

对于立体声数字音频，其包含左、右两个通道。由于这两个通道使用同一个采样频率，这就意味着两个通道之间能够产生的最小时间间隔就是采样点之间的间隔，即在44.1 kHz的采样频率下，能够产生的最小双耳时间差22.7微秒。这个数值对于260微秒来说已经有点大了。因此想缩短双耳时间差，只能提高采样频率。

以上讨论的第2点及第3点就是96 kHz等高采样频率所要解决的问题。高采样频率还能解决另一个问题，我们将在下文继续讨论。

三、与采样频率有关的问题

由于经过采样后的数字音频信号在时间轴上已经变成不连续的离散状态，因此对于时间轴及其相关操作需要注意以下问题：

1. 尽量减少或避免采样频率转换

采样频率转换（Sample Rate Conversion）是改变一个数字音频的采样频率，以获得与原始连续信号相同的新的采样频率数字音频的过程。例如在录音时使用96 kHz的采样频率，而在导出时如果需要48 kHz采样频率的数字音频文件，则需要进行采样频率转换。因为如果不转换采样频率，仅仅将

96 kHz的数字音频文件以48 kHz采样频率回放时，原来1秒钟内的96 000个采样点就会以每秒48 000个采样点的速度去回放，结果原来录音的1秒钟在回放时变为2秒，导致回放速度的变慢和音高的降低。为了保证回放速度和音高不变，就需要将原来1秒钟内的96 000个采样点转换为48 000个采样点。这个过程就是采样频率转换。

对于96 kHz采样频率转为48 kHz这种整数倍的转换来说，转换过程比较容易，而且几乎没有损失。因为只需要将96 kHz文件中所有的奇数采样点保留，偶数采样点移除，采样点的数量就变为原来的一半，即成为48 kHz采样频率。

但是对于非整数倍的采样频率转换来说，例如44.1 kHz转换为48 kHz，需要将1秒钟44 100个采样点转换为48 000个采样点，所以需要使用插值等技术计算出多出来的采样点，结果处理过程不仅耗费时间，而且使用插值计算出的采样点并不一定不存在于原始连续信号中，结果会产生多余的信号，例如原始信号的谐波导致声音的失真。

因此，在数字音频中应该尽量减少或避免采样频率转换的发生。如果需要采样频率转换，则将转换的次数尽量做到最少。例如有一组分轨文件为20个44.1 kHz的音频文件，导出时需要48 kHz的音频文件，则建议仍然使用44.1 kHz的工程文件，导入44.1 kHz的音频文件，以44.1 kHz进行处理，最后导出时再导出48 kHz的音频文件，这样仅仅进行一次采样频率转换；而如果使用48 kHz的工程文件，在导入20个44.1 kHz的音频文件时，会进行20次采样频率转换，这样的损失就会比44.1 kHz的工程文件损失大。

其实大家可以发现，大部分采样频率的数字都很整齐，唯独44.1 kHz看上去比较特别。这是在20世纪70年代使用录像带存储数字音频信号时遗留下来的数值。模拟音频磁带带宽只有20 kHz左右，无法直接保存高达1.5 MHz带宽的数字音频信号。但是模拟视频录像带可以提供足够的带宽用于保存数字音频信号，因此SONY公司推出了PCM转换器设备（图6-2），将数字音频信号转换为视频后，就可以用录像机对其进行记录、保存及回放了。由于视频系统具有严格的标准，例如对于配合PCM转

图6-2　SONY PCM-1600

换器使用 U-matic PAL 标准，水平分辨率为294线/帧，帧速率为50帧/秒。PCM转换器所转换输出的视频中，每条扫描线存放3个采样，1秒钟能存放的采样点数量为 $3 \times 294 \times 50 = 44\ 100$。由此 44.1 kHz 的采样频率诞生了。

早期很多标准都和 44 100 有一定关系，这不是偶然，而是因为 44 100 是前4个素数平方的积，即 $2^2 \times 3^2 \times 5^2 \times 7^2 = 44\ 100$。这样就保证 44 100 能够非常容易地进行整数分解。

2. 防止混叠现象的发生

混叠（Aliasing）是指当信号被采样后，不同信号之间无法分辨或互相产生镜像的现象。在数字音频中，混叠主要以时间混叠（Temporal Aliasing）为主，可能因为以下两种情况而发生：

（1）输入数字音频系统的信号频率高于1/2采样频率

我们已经知道，采样频率决定能够采集的最高频率，该频率为采样频率的1/2。如果高于采样频率1/2的信号进入数字音频系统会发生什么？这个信号不会被忽略，而是被错误地采集：这个信号会以1/2采样频率为中心，从高于1/2采样频率的一侧折叠（Folding）至低于1/2采样频率的另一侧。1/2采样频率由于其特殊性，我们将其叫作奈奎斯特频率（Nyquist Frequency）或折叠频率（Folding Frequency）。例如以 48 kHz 的采样频率采集 36 kHz 的正弦波，可能发生如图6-3所示的现象：

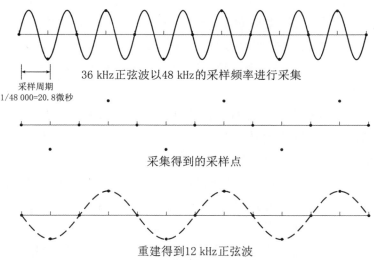

36 kHz正弦波以48 kHz的采样频率进行采集

采样周期
1/48 000=20.8微秒

采集得到的采样点

重建得到12 kHz正弦波

图6-3 输入信号频率高于奈奎斯特频率的"混叠"现象

对于48 kHz的采样频率，其奈奎斯特频率为24 kHz。当输入36 kHz的信号后，其信号会以24 kHz为中心折叠至低频一侧，即会在24−（36−24）＝12 kHz的位置出现。由于这个12 kHz信号并不存在于原始的信号中，而是由36 kHz的信号而产生，这就是混叠现象。而对于其他高于奈奎斯特频率的信号都会发生同样的现象，32 kHz的信号会折叠至16 kHz，28 kHz信号会折叠至20 kHz等等，如图6-4所示。

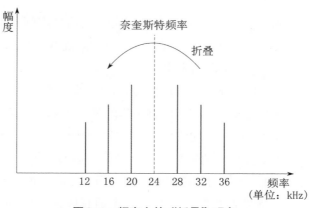

图6-4　频率上的"折叠"现象

（2）低采样频率转换为高采样频率

在进行低采样频率转换为高采样频率时，也会发生折叠的混叠现象。但与上一部分相反的是，此时频率较低的一侧会以奈奎斯特频率为中心折叠至频率较高的一侧。图6-5所示为31.25 kHz的数字音频转换为44.1 kHz频率播放的频谱。从图中可以发现，频谱以15.6 kHz（31.25 kHz÷2）为中心发生了折叠现象。

从以上两种情况可以发现，混叠现象与奈奎斯特频率有关，因此我们只需将输入信号或输出信号高于奈奎斯特频率的部分过滤掉即可，即将信号通过一个截止频率为奈奎斯特频率的低通滤波器进行处理。这个低通滤波器叫作抗混叠滤波器（Anti-aliasing Filter）。这个过程说起来简单，但是在实际中设计抗混叠滤波器却是很复杂的事情。由于低于奈奎斯特频率的附近仍然有需要保留的音频信号，尤其是在采样频率不能使用太高的情况下，奈奎斯特频率很可能会进入人耳可听到的频率范围内。例如对于44.1 kHz采样频率，其奈奎斯特频率为22.05 kHz，这就意味着抗混叠滤波器不能影响低于

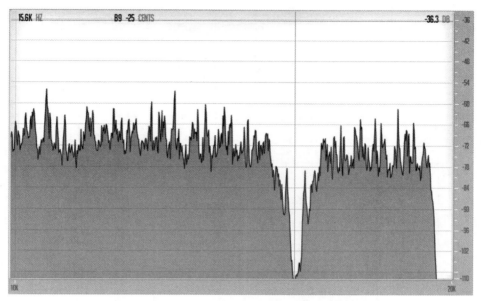

图6-5　低采样频率转换为高采样频率的混叠现象

20 kHz的信号，但是又要在22.05 kHz及以上尽可能地过滤信号。如果抗混叠滤波器设计得过于缓和（图6-6），则不仅高于奈奎斯特频率的信号过滤得不彻底，低于奈奎斯特频率的信号也会受影响；如果抗混叠滤波器设计得过于陡峭（图6-7），虽然过滤的效果更好，但是这种滤波器会使不同的频率产

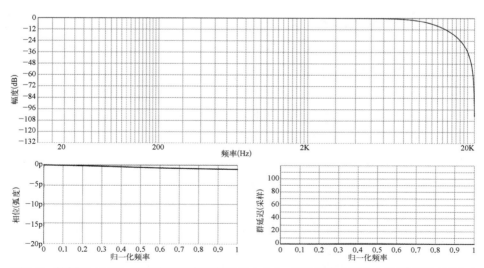

图6-6　较缓和10 kHz低通滤波器的频率响应（上）、相位响应（下左）及群延迟（下右）

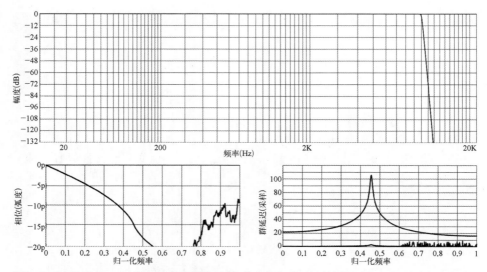

图6-7　较陡峭10 kHz低通滤波器的频率响应（上）、相位响应（下左）及群延迟（下右）

生不同的相位差及群延迟，也会影响音质。

为了减少抗混叠滤波器对听感的影响，我们可以通过提高采样频率来解决，这也是96 kHz等高采样频率的另一个存在意义。使用96 kHz采样频率以后，奈奎斯特频率为48 kHz，这个频率远远高于人耳的听觉范围，因此可以设计一个相对缓和的抗混叠滤波器，既不会影响听感，也可以有效地过滤混叠。

（3）统一及稳定的时钟源

数字音频系统已经将时间轴变为离散的一系列采样点，采样点的绝对时间稳定及相对时间间隔就变得很重要了。如果采样点间隔不稳定，在采样及回放的过程中就会使波形产生歪斜，从而产生声音失真的状况。每个采样点偏离其准确时间间隔位置的程度叫时基误差（Jitter）。例如图6-8，空心圆点为准确的时间间隔位置，而三角形点存在一定的时基误差，其位置会随机地轻微提前或后移，结果导致实际波形（深色）与原始波形（浅色）产生差别。

还有一种情况相信大家也遇到过：使用手机拍摄视频，使用录音机同时录制音频。在后期编辑时会发现即使视频和音频开头对齐了，到结尾的时候也会有时间差别，拍摄的时间越长，差别就越大。这是由于不同设备之间同样的采样频率也会有细微的差别，就像不同的手表各有快慢一样。假设两个设备的采样频率仅仅相差5 Hz（相对于44.1 kHz来说是0.01%的误差），如

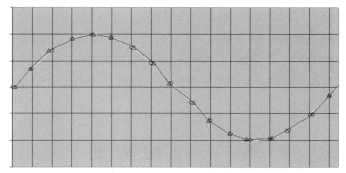

图6-8　原始波形（浅色）与带有时基误差的波形（深色）

果使用这两个设备同时开始播放一个5分钟的44.1 kHz音频，则在结束时，两个设备会产生约34毫秒的时间差（5×5×60÷44 100），这已经稍长于120速度的16分音符。如果这两个设备使用数字音频接口进行连接时，还会发生新的情况：在每秒钟内，一个设备会多提供（或少提供）5个采样点给另一个设备，每秒钟多出来（或少出来）的5个采样就会导致周期性的短促爆音。

　　为了解决时基误差及多个数字音频设备时钟不同步的问题，我们建议使用一个高质量的时钟源（图6-9）为所有的设备提供准确的、统一的字时钟（Word Clock），保证所有的数字设备能够按照同样的步伐工作。

图6-9　Apogee Big Ben 主时钟源

　　传输字时钟优先使用 Word Clock 字时钟接口，并使用75 Ω BNC线缆。如果没有独立的字时钟接口，可以使用AES/EBU等嵌入时钟信号的铜线线缆接口。尽量避免使用光纤接口，因为光纤容易产生相对较大的时基误差。另外，确保字时钟信号使用星形拓扑（Star Topology），即由主时钟源发送给所有的设备，而不建议将字时钟信号以菊花链（Daisy Chain）形式连接，即第一个设备发送给第二个设备，第二个设备再发送给第三个设备，以此类推。菊花链连接中，后面的设备可能会把前面设备时钟的时基误差放大，结果最后一个设备收到的时钟信号可能会存在很大的时基误差。最后，每个数字音频设备需要进行设置，使其使用相应的接口（Word Clock、AES/EBU等）作为其时钟源，确保每个设备显示SYNC或LOCK即可。

第三节　比　特　精　度

一、基本概念及对声音的影响

比特精度（Bit Depth）是表达每个采样点幅度所使用的比特数，其单位为比特（bit）。比特（bit）是计算机中用于表达信息的最小单位，即二进制计数中的1位（0或者1），其名称也来源于Binary digIT。有多少个bit就代表有多少个0或1。

数字音频中典型的比特精度为16-bit，即表示每个采样点的幅度使用16个0或1来表达，即最小值从0000000000000000至最大值1111111111111111，共有$2^{16}=65\,536$个不同的状态。

由于比特精度是用于表达与幅度相关的参数，因此比特精度对声音的影响也与幅度有关：信号/量化噪声比（Signal-to-Quantization-Noise Ratio，缩写为SQNR）。SQNR越高，量化噪声越低，数字音频系统能够提供的动态范围也越大。在理想状态下，幅度最低的量化噪声是由于量化错误（Quantization Error）产生的噪声。最低的量化错误会均匀地分布在1/2 LSB（最低位），进而产生了随机的噪声。幅度最高的信号则会将所有的bit全部置为1，此时SQNR可以使用以下公式计算：

$$SQNR=20\log_{10}(2^Q)\approx6.02\times Q\ \text{dB}，其中Q为比特精度$$

最常用的数字音频比特精度为16-bit，这也是CD Audio的标准，其SQNR为$16\times6.02=96.33\ \text{dB}$。专业音频使用24-bit，SQNR为144.49 dB，该SQNR已经超过人耳所能感知的范围。

二、抖动

在处理音频信号的过程中经常会遇到比特精度转换的问题。例如在

DAW软件中导入一个16-bit的音频文件,在处理的过程中软件可能会将其转换为32-bit甚至更高;而在导出时为了兼顾民用设备回放,可能还会重新转换为16-bit。

对于低比特精度转换至高比特精度,整个过程是毫无损失的,音质也是完全一样的,并不会产生任何音质的提升。例如16-bit转换为24-bit,只需在表达每个采样点的16位二进制数字后增加8个"0"即可,此时共有16+8=24 bit,但是表达的状态仍然是原来的16-bit状态。

对于高比特精度转换至低比特精度,情况就不一样了。由于比特精度的降低,SQNR会降低,导致量化噪声的提升。不过此时会有另一个现象发生:24-bit下量化噪声非常低,因此很多幅度很微小的音频信号(例如乐器或混响的拖尾)也可以正常被量化。而转换至16-bit时,表达微小幅度变化的bit数减少了8个bit。例如此时有一个信号的幅度变化使用了10个bit,即2^{10}=1 024个数值来表达,当减少了8个bit后,该幅度变化仅能用2^2=4,即只有00、01、10和11共4个数值来表达。原来信号的细微变化无法用这4个状态表达,从而产生了量化失真(Quantization Distortion)。此时这些乐器或混响的"拖尾"变成了断续的、粗糙的噪声。

为了解决这个问题,可以使用抖动(Dither)处理。该处理过程给音频信号增加了一个固定幅度的噪声,对于16-bit,其典型幅度为-84 dB FS(dB FS定义会在下文介绍)。由于噪声的幅度变化为随机变化,因此使用噪声可以保证始终有足够多的bit用于量化,而此时叠加的音频信号会使得这个噪声随着音频信号幅度的变化而波动,结果有足够多的bit用于量化,因此量化失真的现象得以解决。

但是毕竟加入噪声后会被人耳明显听到,其解决方法就是给噪声加一个均衡器,将人耳容易分辨的中低频噪声变为不太容易分辨的高频噪声。这种技术叫作噪声整形(Noise Shaping),使用该技术后,对于人耳听感来说,噪声听上去并没有增加多少,但是很多声音的细节都保留下来了。

抖动使用非常简单方便,是极少数有着严格操作及调整步骤的音频处理器。对于DAW软件来说,只需在并轨导出2轨音频文件前,将抖动插件放置在主控轨的最后一个插入效果器,设置好输出的精度即可。同时确保在抖动后不要有任何声音处理,再并轨导出2轨音频文件即可。

三、真峰值与采样内削波

刚刚我们分析了幅度较轻的音频信号是如何受到影响的，现在我们再看看幅度较大的音频信号如何受到影响。

如果输入信号的幅度高于设备本身的某一个最大值，可能是话筒的振膜到达了振动的极限，或者话筒没有到达极限，但是话筒放大器无法承受来自话筒的过高的输入电压，则超过最大值的部分不能被更高的表示，而产生削平的状态，这种现象叫削波（Clipping）。产生的声音现象叫削波失真（Clipping Distortion），俗称声音破了或声音爆了。如图6-10，下面的波形即为上面波形产生了削波失真的结果，即幅度高于一个最大值以后不能继续变大，继而变平。这种现象在模拟与数字中都可以发生，可以通过常见的电平表及听感明显发现。

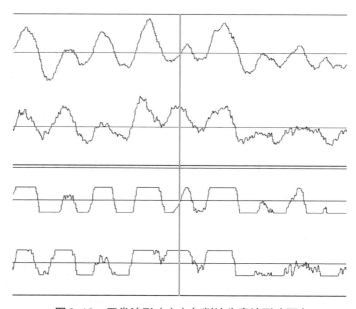

图6-10　正常波形（上）与削波失真波形（下）

对于数字音频系统中的最大值，为了方便与模拟音频信号及真实世界中的dBu、dB SPL等计算，一个新的dB单位被定义了：dB FS，FS为Full Scale（满幅）的缩写，即数字音频系统能够表达的最大值，例如对于16-bit就是1111111111111111。此时数值对于数字音频系统中最常见的SPPM

电平表（Sample Peak Program Meter，采样峰值节目电平表，仅显示采样的峰值幅度）即显示为最大值。如果一个 0 dB FS 的信号通过声卡的数字模拟转换器并输出，模拟信号是过载还是不过载呢？答案是这两种情况都有。

如果保持 0 dB FS 输出了很长时间，则声卡会始终输出最大电压，例如 +24 dBu，此时仅仅是一个平的状态，而不是削波。当然这个情况输出的信号也不是声音了，而是直流。

如果数字音频信号中只有若干个采样的幅度接近 0 dB FS，那么情况和刚才就完全不一样了。由于没有采样的幅度到达 0 dB FS，因此数字音频系统中的 SPPM 电平表不会显示削波的状态。但是当这个信号通过模数转换器从声卡输出时，麻烦出现了。如图 6-11 所示：

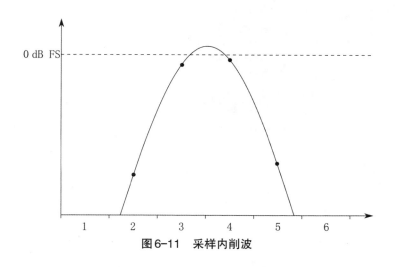

图6-11　采样内削波

由于数字音频信号在 x 轴上是不连续的，就像在 DAW 软件中将波形放大到最大，波形显示为阶梯状，因此声卡在输出信号前会使用一个低通滤波器去平滑这些"阶梯"。此时如果有若干个接近 0 dB FS 的采样（图 6-11 中的 2、3、4、5 采样），这些采样点幅度均低于 0 dB FS（图 6-11 中的虚线），DAW 软件中的 SPPM 电平表及音频卡中的 SPPM 电平表不会显示削波。但是这几个采样在输出过程中经过平滑后，连续的波形会超过 0 dB FS，在输出时却发生了削波，而且能被人耳所察觉到，这种现象叫作采样内削波（Inter-Sample Clipping）。

为了描述这种现象，EBU（European Broadcasting Union，欧洲广播联盟）定义了真峰值电平（True Peak Level）这个概念。该概念用于表达数字音频信号被重新转换为连续时间域的模拟信号后的最大幅度。真峰值电平最大值超过0 dB后就会发生削波失真。与SPPM电平表所显示的采样峰值幅度相比，真峰值电平更加接近数字音频信号被最终回放时的状态。不少厂商已经推出了用于显示真峰值电平的设备或软件，并定义了其单位为dB TP，例如Waves WLM（图6-12）。从图中可以看出，主控音轨的电平表峰值显示为-0.1 dB（注意这个dB并不是dB FS，但其读数与dB FS一致），而Waves WLM中的True Peak已经显示为0.5 dB TP，该数字音频信号转换为模拟信号后会发生削波失真。

图6-12　Waves WLM响度表插件

在制作过程中应该避免真峰值电平超过0 dB TP。通常保证数字音频最大输出电平不超过-1.0 dB FS即可避免真峰值电平超过0 dB TP。对于图6-12中主控音轨上的SPPM电平表，确保其峰值低于-1.0 dB即可。

第四节　数字音频文件

数字音频系统的一个重要功能就是能够按需要将数字音频信号进行编码，进而保存成可携带的文件形式。我们根据编码及保存的过程中对数据的处理方法差别，将数字音频文件分为以下三个类型：

一、非压缩

非压缩（Uncompressed）格式保留原始线性PCM数据，或者仅仅进行不改变数据本身的转换，例如在大端字节序（Big endian）与小端字节序（Little endian）之间转换。由于没有损失任何信息，因此非压缩格式音频的音质最好，但是体积较大。例如CD Audio标准（16-bit、44.1 kHz、双声道立体声）的非压缩音频文件体积在10 MB/分钟左右。不过由于现代存储技术的发展，在容量以TB为单位、速度在600 MB/秒的硬盘上保存和传输非压缩音频文件毫无压力，且非压缩格式不需要特定的编码解码，计算机不需要额外的处理，因此其对系统要求低，适合在录音混音及编辑中使用。我们建议大家在数字音频的全部工作流程中均使用非压缩格式，导出非压缩格式的两轨立体声文件后，再根据要求进行格式转换。

常见的非压缩格式及其对应文件扩展名：Wave（.wav）及AIFF（.aif或.aiff）。

二、无损压缩

无损压缩（Lossless Compression）格式在编码时将线性PCM数据进行一定程度的压缩，但是不会损失任何信息。回放时可以完全恢复为原始线性PCM数据。因此其文件体积较非压缩小一些，约为同等质量非压缩格式的60%～70%。但是由于其保存及回放时需要进行编码解码操作，因此对计算机要求较高。无损压缩主要用于音频文件的存档及欣赏，并不适合直接进行录音混音及编辑。

常见的无损压缩格式及其对应文件扩展名：FLAC（.flac）、Monkey Audio（.ape）、Apple Lossless（.m4a、.caf）及MPEG-4 SLS（.m4a）等。

三、有损压缩

有损压缩（Lossy Compression）格式在无损压缩的基础上通过使用特定的算法（MDCT、ADPCM及SBC等）及感知编码（Perceptual Coding）技术将人耳不易察觉的声音忽略，从而进一步减小文件体积。其文件体积约为非压缩格式的10%～30%。由于在编码过程中有数据损失，其回放音质与非压缩及无损压缩格式相比会有不同程度的差距。与无损压缩类似，由于其保存及回放时需要进行编码解码操作，因此对计算机要求较高。有损压缩主要在传输带宽或存储空间受限的情况下使用，例如通过网络传输的音频。有损压缩不能用于数字音频的任何工作流程中，因为这些算法所产生的声音问题在经过效果处理后可能会被放大。

常见的有损压缩格式及其对应文件扩展名：MPEG-1 Audio Layer III（.mp3）、Advanced Audio Coding（.m4a、.mp4、.3gp、.aac 等）、Windows Media Audio（.wma）及 Vorbis（.ogg）等。

以上仅列出常见的格式。而在实际使用中还会有特例存在。例如 Wave 及 AIFF 均可保存本章开头提到的非线性 PCM 格式（A-law 或 μ-law），而 .m4a 文件也同时可以采用无损压缩（Apple Lossless）或有损压缩（Advanced Audio Coding）格式。因此请在实际使用中确认。

第七章
设备技术指标

至此，我们已经了解音频系统中常见的基本概念。这些概念在设备中都是以技术指标（Specification）体现的。通过技术指标，我们可以了解设备所提供的性能，同类设备之间的性能差别，以及不同设备之间是否可以进行合适的连接。本章会介绍一些设备通用的技术指标。有关设备专有的技术指标，我们会在随后介绍设备的章节中说明。

第一节　频 率 响 应

音频设备是用于处理音频信号的设备，因此所有的音频设备都会存在一定形式的信号输入或信号输出。由于人耳可听的频率范围为 20 Hz～20 kHz，音频设备在这个频率范围内要有足够的带宽来允许音频信号通过。另外，音频设备在通过及处理音频信号时，应该尽量保证音频信号中每个频率的相对幅度不要发生变化。

用于描述这些性能的参数叫作频率响应（Frequency Response），该参数用于表达设备在输入信号或输出信号的过程中，不同频率之间的幅度差别。该参数的表达方式有两种：数字表达和图形表达。使用数字表示的方式如下：

$$20 \text{ Hz} \sim 20 \text{ kHz}, \quad \pm 3 \text{ dB}$$

可以看出，频率响应的数字表达方式包含两个部分：第一，20 Hz～

20 kHz表示音频信号可以通过的频率范围；第二，±3 dB表示在上述频率范围内不同频率的幅度差别，本例中表示在20 Hz～20 kHz，不同频率的幅度差别在6 dB之内。

在描述频率响应时必须包含以上两个部分，缺少任何一个部分的频率响应是没有意义的，例如频率响应为50 Hz～20 kHz。虽然描述了频率范围，但是并未描述幅度差别，会导致完全不同的结果：如果幅度差别是±0.1 dB，这个设备是一个非常好的设备；如果幅度差别是±10 dB，这个设备可能存在故障。

在一些专业音频设备的技术指标中，有一个参数与频率响应类似，也经常与频率响应一起描述，这个参数叫作带宽（Bandwidth）。带宽与频率响应的差别在于带宽使用固定的幅度差别，通常为−3 dB。带宽用于描述设备的工作频率范围，而频率响应则描述与人耳听觉接近的频率范围。例如PrismSound MLA−2压缩器频率响应描述为：

$$1\ Hz \sim 50\ kHz，+0.1\ dB，−0.4\ dB（频率响应）$$
$$0.03\ Hz \sim 350\ kHz，−3\ dB（带宽）$$

虽然文字形式的频率响应已经能够表达设备的性能，也能够进行设备之间的比较，但是我们无法了解"±3 dB"究竟是在哪个频段发生的。所以频率响应还有更细致的图形化表达方式。频率响应的图形化描述与频谱很接近，x轴是频率，y轴是幅度。与频谱图不同的是y轴的幅度使用相对方式标记，即中间为0 dB，代表没有幅度变化；0 dB以上为幅度增加；0 dB以下为幅度减少。根据频率响应的图形化描述，我们可以估计该设备在输入或输出音频信号时哪些频段的幅度被改变，以图7−1所示为例。

下面使用文字方法描述了20 Hz～20 kHz，+0 dB，−2 dB频率响应。配合图示后可以发现，该设备在100 Hz～5 kHz的频率响应是比较平直的，低于100 Hz和高于5 kHz的频率存在衰减，20 Hz时衰减约为1.7 dB，20 kHz时衰减为2 dB。从频率响应的图形化描述我们可以判断出，该设备在输入或输出信号时，低于100 Hz和高于5 kHz的频率存在一定的衰减，不过最大衰减量仅为−2 dB，不会产生明显的低频或高频不足。而对于其他频率，该设备不会对其产生影响。

不同设备对频率响应的要求是不一样的。对于音频制作与处理相关设备，由于不希望其在处理音频信号时产生额外的频率响应变化，因此频率响

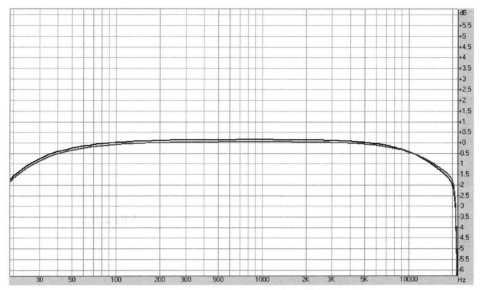

图7-1 频率响应的图示表达方式

应的幅度差别越小越好，也就是频率响应越平直越好。对于用途很有针对性的设备，可能会根据其用途及所使用的环境对其频率响应进行调整，例如针对语言优化的公共广播系统，为了保证语言的清晰度及可懂度，这些设备会一定程度衰减低频和高频。

第二节　噪　声

噪声（Noise）通常是指不希望产生及听到的声音。噪声对于人耳来说往往是不愉悦的，而且幅度过大的噪声会对听觉产生损害；噪声对于设备来说则会使其产生无用的功率消耗，甚至也会损坏设备。但是有些噪声由于其频率及幅度的特殊性，也会将其用于声学及音频设备测试时所使用的测试信号。

噪声所包含的种类很多，例如白噪声、粉红噪声、交流声、爆音及底噪等。其中只有白噪声与粉红噪声是按照一定要求生成的用于测试用的噪声，其他噪声都是不希望产生及听到的噪声。白噪声与粉红噪声都源于电子的随机热运动，例如当我们把音响设备的音量旋钮调整到最大值，但是不要播放任何声音，你会听见耳机或音箱中"咝（Hiss）……"的声音，这种声音就是热噪声被放大后的结果。白噪声与粉红噪声也可使用DAW软件或音频设备中的噪声发生器来生成，它们都是随机信号，在时域范围内是幅度随机变化的信号；在频域范围内是包含所有频率的信号。

一、白噪声

白噪声（White Noise）是指在各个频率上能量均等的随机信号。例如我们使用100 Hz作为测试的频率宽度，那么白噪声中的100 Hz至200 Hz、1 200 Hz至1 300 Hz以及15 000 Hz至15 100 Hz之间的能量是相等的。但是对于人耳听感来说却并不平均。原因在于人耳听觉不仅在幅度上是指数变化的（所以我们才引入了dB这个单位），在频率上也是指数变化的。例如频率从400 Hz变化到800 Hz所产生的变化，与从800 Hz变化到1 600 Hz所产生的变化感觉一样。当我们用音高来表达这种变化时，频率加倍就是提升一个八度（Octave）。

现在我们以八度为间隔计算能量的变化。这里我们使用功率的dB表达方式作为幅度测量单位。根据白噪声的特点，每当频率提升一个八度，其包括的频率范围也会加倍，因此功率也会加倍，即功率增加3 dB；每当频率降低一个八度，其包括的频率范围也会减半，因此功率也会减半，即功率减少3 dB。由此可以计算出，以1 kHz作为标准，20 Hz时的幅度大约衰减17 dB，20 kHz时的幅度大约增加13 dB，导致白噪声听上去是比较明亮的噪声，高频成分明显多于低频。白噪声的频谱如图7-2所示。

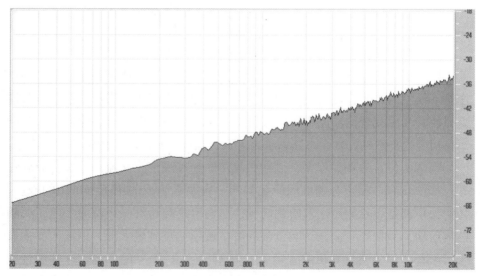

图7-2　白噪声频谱

由于白噪声在整个频率范围内提供了平均的能量，因此主要用于音频设备的电气参数测量。但是白噪声几乎不会用于扬声器测试，详见下一部分的解释。

二、粉红噪声

粉红噪声（Pink Noise）是将白噪声经过粉红滤波器（Pink Filter）后的噪声。粉红滤波器是频率每八度衰减 3 dB 的滤波器，经过粉红滤波器的白噪声在等频率间隔内的能量密度不再相等，但是在等八度间隔内的能量密度相等，结果使得粉红噪声听上去是平直的，低频、中频与高频在听感上具有同样的响度。粉红噪声的频谱如图 7-3 所示。

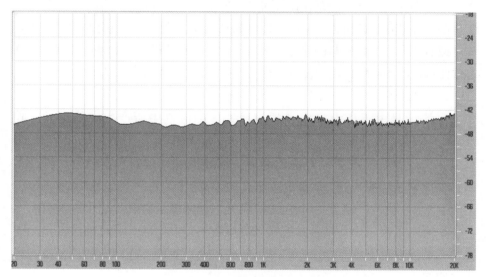

图 7-3　粉红噪声频谱

对于典型的音乐来说，频率较高的部分都是乐器的泛音。大部分乐器泛音的幅度都低于基频，而且泛音频率越高，幅度越低。粉红噪声的能量在频率上的分布特点与音乐接近，同时听感上各个频率也是平直的，所以粉红噪声经常被用于扬声器的声音测试。需要注意的是，如果使用白噪声测试扬声器，由于其高频能量密度高很多，已经和音乐的频率分布不一样了，同时脆弱的高音单元可能由于无法承受这么高的能量而被烧坏。

三、其他噪声

下面介绍的噪声是我们不需要的噪声。这些噪声都是由设备或音频线自身或故障引起的。如果在录音过程中听到了这些噪声，请停止录音，查明噪声来源并排除问题，再重新开始录音。请不要依赖所谓的降噪功能来处理已经包含噪声的录音片段。

1. 底噪

底噪，其全称是本底噪声。这是一种持续的"呼……"或者"咝……"的声音。对于真实世界来说，底噪源于环境噪声，可以通过关闭噪声源（例如通风系统）或者增加房间隔声来解决；对于音频设备来说，底噪源于电子的热噪声，是无法避免的。设备在设计时会在每个环节控制底噪的幅度，因此正常工作的设备的底噪是可以忽略的。但是如果设备出现故障，就会产生更多的底噪，或者将原本可以忽略的底噪放大至可以被听到的程度。此时请按照音频信号的流程依次检查所使用的设备是否工作正常，并更换工作不正常的设备。

2. 交流声

交流声是由于市电进入音频信号处理的流程中所产生的低频的"哼（Hum）……"或高频的"嗞（Buzz）……"。中国所使用的市电为 50 Hz 交流电。如果该交流电通过电磁感应串入音频信号处理的流程中后，就会在 50 Hz 的频率上产生声音，同时也会在其谐波频率（100 Hz、150 Hz、200 Hz 等）上产生声音。这些声音会在频谱上以若干个峰值来显示出来，如图 7-4 所示。

交流声是由于设备及音频线接触或屏蔽不良产生的。通过插拔或晃动插头及音频线有可能临时解决，但是仍然建议通过更换存在问题的设备及音频线彻底解决。

3. 爆音

爆音是非常短促的"咔嗒"（Click）声，在 DAW 软件的波形上看是突然突起的一个峰（图 7-5 中最前面的"峰"）。由于其持续时间短促，偶尔可以通过修改波形来一定程度解决。

爆音主要由于设备受到外界干扰（雷电、电火花、电动机等）、设备接触或屏蔽不良产生。另外音频设备在使用数字音频接口连接时，如果未进行时钟同步也会引起爆音。通过更换问题设备以及合理设置数字音频系统的时钟可以解决爆音。

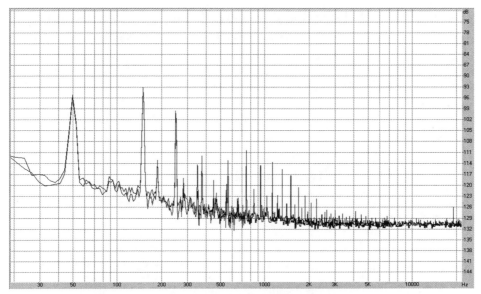

图7-4　交流声频谱

图7-5　爆音在波形上的显示

4. "爆米花" 噪声

爆米花噪声是重复的、断续的 "噗噜" （Pops）声，其持续时间比爆音长，幅度变化也较缓慢，频率也比较低，在波形上有时很难与正常声音的波形区分开。爆米花噪声听上去类似于室外录音时风吹过话筒时的声音，但是在录音棚中如果出现该声音则是由于设备存在故障。请按照音频信号的流程依次检查所使用的设备是否工作正常，并更换工作不正常的设备。

5. 物理振动声

物理振动声（Rumble）是由于机械振动通过固体传声进入输入设备后形成的频率非常低的声音。如果录音棚避震做得不好，那么当录音棚附近有大型卡车经过时，卡车产生的路面振动会传入录音棚，使话筒架产生振动，最终被话筒拾取到。另外一种情况则是一些低成本黑胶唱机所使用的滚珠轴承在旋转时产生的振动通过唱盘传导至唱片，导致唱针振动。有时物理振动声的频率太低，小型近场监听音箱不能重放出来。在录音时可以观察电平表。如果在某些位置看见电平表的跳动但是听不到声音，则可能会是物理振动声所产生的低频声音。物理振动声建议靠隔绝振动源来解决。

四、等效输入噪声

现在我们来看看如何表达设备底噪的高低。对于输入设备，例如话筒放大器，我们使用等效输入噪声（Equivalent Input Noise，缩写EIN）来表达。该技术指标用于描述话筒放大器的底噪幅度。

测量时我们首先将一个电阻（阻值与话筒输出阻抗相同，通常为150 Ω）连接至话筒放大器的输入端，这个电阻用来模拟不会发出声音的话筒。然后测量话筒放大器输出端的电平。最后将该电平减去话筒放大器的增益，就得到了话筒输入端的噪声电平。例如API 512c话筒放大器的等效输入噪声为−129 dBm。

关于等效输入噪声有以下几点需要注意：

1. 等效输入噪声的单位

等效输入噪声使用dBm作为单位。这个单位也是绝对dB单位之一，该单位用于功率的表达，0 dBm=1 mW。由于等效输入噪声表示噪声输入的功率，因此该指标只能用dBm来表示。

2. 等效输入噪声的数值不会直接地体现出来

尽管这是一个与输入相关的指标，但是这个指标仅能在输出端测量，再通过计算换算成输入端的技术指标，因此叫作等效。所以在实际使用中，等效输入噪声的数值不会直接地体现出来。例如API 512c话筒放大器在等效输入噪声指标后增加了解释说明：实际测量噪声为−95 dBm。

3. 等效输入噪声不等于话放底噪

等效输入噪声使用电阻来模拟不会发出声音的话筒，因此将输入端短路、空载或连接真实话筒时，话筒放大器的噪声输出值都会高于等效输入噪声。同时，不同的测试频率带宽也会得到不同的等效输入噪声。20 Hz～20 kHz为典型的测试频率带宽。带宽小于该数值，等效输入噪声也会减小。

4.等效输入噪声有最小极限值

由于测试时的电阻自身也具有热噪声，而且热噪声与温度有关，所以等效输入噪声的数值存在一定的最小极限值。例如对于20 Hz～20 kHz的带宽，在15℃下电阻的热噪声为−131.9 dBm。如果看到某设备等效输入噪声低于该数值，请仔细确认其测试环境来判断该数值是否有意义。

五、输出噪声

输出噪声用于描述设备所有可能的噪声来源混合后在设备输出端口所体现的噪声。噪声来源包括话筒放大器、均衡器、运算放大器、控制开关噪声以及电源纹波输出等多方面，因此对于输出噪声描述的越详细越好。例如以下就是一个非常详细的描述。

输出噪声+交流声：低于−70 dBu，带宽20 Hz～20 kHz，一个通道推子与主推子放在0 dB，其他所有通道关闭，输入输出以600 Ω 终结。

现在我们来详细解释一下每一句话的含义。

输出噪声+交流声：虽然我们在分类噪声时将底噪与交流声分开，但是在实际设备中，这两种噪声往往同时存在。写明输出噪声+交流声表示测得的数值包含两种噪声。如果仅写为输出噪声，那么在测量的时候很可能使用滤波器将交流声所在的频率过滤掉，这就意味着实际设备的输出噪声会高于技术指标所列出的数值。

低于−70 dBu：表示噪声的电平。该数值越低越好，表示设备在无声的状态下越安静，同时噪声也不会影响到声音幅度较低的部分。

带宽20 Hz～20 kHz：表示测试的时候使用了人耳能够听到的整个音频范围。如果不写带宽，那么在测量的时候很可能使用滤波器限制了设备的输出带宽，即有些噪声被过滤掉了。这就意味着实际设备的输出噪声会高于技术指标所列出的数值。

一个通道推子与主推子放在0 dB，其他所有通道关闭：表示测试的时候模拟了通道打开的状态。如果未标注，那么在测量的时候很可能所有通道都关闭，这个并不是正常设备使用的状态。而当有通道打开时，实际设备的输出噪声会高于技术指标所列出的数值。

输入输出以600 Ω 终结：表示在进行输出噪声测量时，在设备的输入端口及输出端口使用了模拟设备连接的电阻，在符合设备真实工作的状态下测得输出噪声。这个操作类似于等效输入噪声中使用的150 Ω电阻。

以上是一个相对详细的实例。而对于实际使用的设备，由于其提供的功能或测试环境差别，输出噪声不一定能包括以上所提到的所有部分。请仔细确认其测试环境来判断该数值的有效性。

第三节　谐　波　失　真

失真（Distortion）是指声音信号发生不希望的改变。失真包括很多种类，本书前面也提到了一些失真。例如频率响应不平坦也可以叫作频率失真。现在我们来介绍一下另一种失真：谐波失真。

谐波失真（Harmonic Distortion）会在原始输入信号的基础上增加谐波，这些谐波的频率是输入信号频率的整数倍。前面提到的"削波失真"就是产生谐波失真的一种状态。

我们在第二部分第五章第三节中提到了谐波的概念。这个概念与谐波失真的概念是相同的。将一个1 kHz正弦波（不包含任何泛音，如图7-6）输入至某设备，如果发生了谐波失真，就可以在输出的频谱上发现在2 kHz、

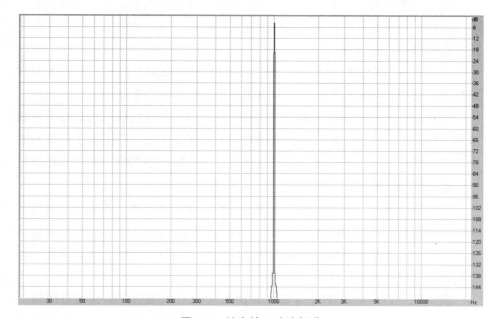

图7-6　纯净的正弦波频谱

3 kHz、4 kHz及以上整数倍频率上会有信号存在（图7-7），而这些信号在原始输入的正弦波里是不存在的。

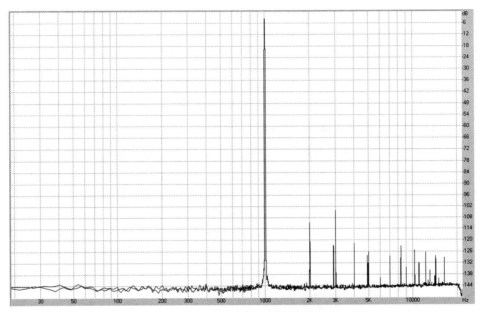

图7-7 发生谐波失真的正弦波频谱

不同的谐波对声音的影响是不一样的。奇次谐波（3倍、5倍、7倍等）听上去比较刺耳，却是电吉他失真效果必备的谐波；偶次谐波（2倍、4倍、6倍等）听上去比较温暖，使用电子管的设备声音温暖正是由于其偶次谐波成分丰富。

谐波失真使用百分比来表示。其计算方法是得出原始信号的幅度与谐波失真的幅度差别，以dB来表达，并将该差别转换为百分比来得出。在实际计算中，谐波失真的幅度包括所有的谐波，因此被叫作总谐波失真（Total Harmonic Distortion，简称THD）。从图7-7中我们也可以看到多出的信号不仅包括谐波，还包括底噪（位于-144 dB左右的波浪线），同时谐波失真的程度与输入信号电平有关系，较低或较高的输入电平容易产生较多的谐波失真，因此这个技术指标往往描述成以下形式。

总谐波失真+噪声（THD+N）：低于0.001%@+4 dBu。该数值越低越好。

第四节　互调失真

互调失真（Intermodulation Distortion，缩写IMD）是指两个或多个不同频率的信号之间互相产生幅度调制所导致的失真。互调失真所产生的频率是原始信号的频率之和或差，以及这些频率倍数之和或差。

对音频设备进行互调失真测试时，可以依据SMPTE RP120-1994标准，使用60 Hz和7 kHz两个测试频率，其幅度比为4：1（12 dB），如图7-8所示。然后使用与谐波失真相同的计算方法即可。

当设备存在互调失真时，在7 kHz频率附近会看到新的频率，如图7-9所示。这些频率就是7 kHz与60 Hz进行加减的结果。当我们将7 kHz附近的频率放大后，如图7-10所示，可以发现互调失真的频率包括7.06 kHz、7.12 kHz、7.18 kHz、6.94 kHz、6.88 kHz及6.82 kHz等。

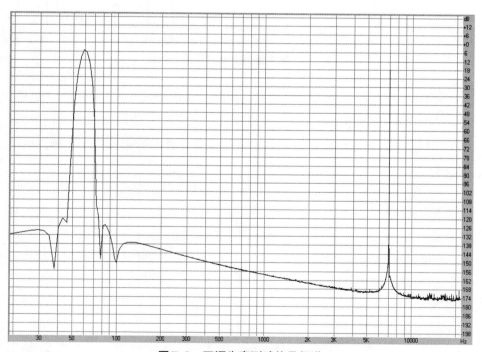

图7-8　互调失真测试信号频谱

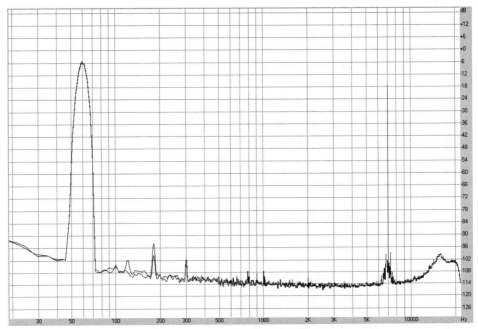

图7-9　设备发生互调失真后的频谱

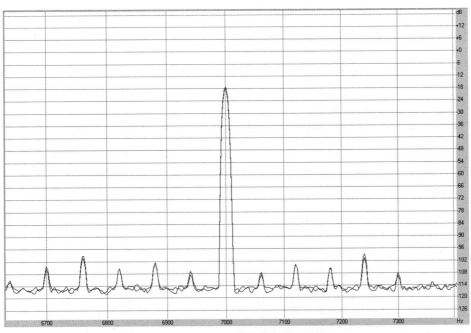

图7-10　7 kHz 附近的频谱

第五节 工 作 电 平

一、三个级别电平

设备与设备进行连接时，其输出电平与输入电平需要匹配，即输出电平与输入电平的幅度变化范围要基本一致。如果输出电平低于输入电平，则接收到的信号电平较低，导致信噪比降低，提升增益后噪声变大；如果输出电平高于输入电平，则接收到的信号电平较高，导致削波现象的发生。在音频设备中会遇到以下三个级别的电平：

话筒电平的范围从无信号至−20 dBu（77.5 mV）左右。话筒、电吉他及黑胶唱机的输出电平在该范围内。话筒电平由于其幅度很低，需要使用相对应的放大设备才可使用。

线路电平的范围从−20 dBu至 +30 dBu（24.5 V）左右。合成器输出、话筒放大器输出、功率放大器输入、调音台、声卡及常见周边效果器的输入输出电平都在该范围内。

扬声器电平的范围为 +30 dBu以上。功率放大器输出、市电及一些控制线路会使用该电平。在某些情况下，该电平已经超过安全电压（36 V），因此在进行扬声器电平的线路连接时请注意用电安全，防止触电。

二、标准工作电平

由于在录音棚中，调音台为整个录音棚的核心，所有的设备均与调音台连接，因此除了话筒使用话筒电平以外，线路电平是最常见的电平。但是由于每个设备根据其设计及性能，实际上能够输入或输出的电平高低仍然有差别。为了方便设备之间的连接及电平匹配，设备厂商使用了标准工作电平的参数来表达。

如果大家注意过DAW软件中的电平表，就会发现电平表并不是一直从最小跳到最大，或者一直保持在某一个数值（一堵墙的小动态范围音频除外），而是以一个位置作为平衡点，在平衡点及最大值之间跳动。这个平衡点可以看作音乐的平均电平。在指针式的VU表上，这个平衡点会在0 VU左右。设备厂商把0 VU所对应的工作电平叫作标准工作电平（Standard Operating Level）或标准电平（Nominal Level）。对于专业音频设备，这个电平为+4 dBu（1.228 V）；对于民用音频设备，这个电平为-10 dBV（0.316 V）。当标准工作电平与数字音频系统的电平表校准时，常使用0 VU=+4 dBu=-18 dB FS这个标准，即DAW软件中电平表显示为-18 dB时，声卡输出的电平为+4 dBu，VU电平表上指针会指向0 VU。

三、最大电平

现在我们再看看DAW软件中的电平表，除了平衡位置以外，电平表还会向上跳动。为了表示设备能够输入或输出的最大数值，设备厂商定义了最大电平（Maximum Level/Peak Level）这个技术指标。如果输入或输出电平高于设备的最大电平，削波现象就会发生。一些半专业设备虽然以+4 dBu标准工作电平工作，但是其最大电平只能达到+14 dBu。一般来说，最高电平能够达到+20 dBu的设备就算靠近专业设备了；达到+22～+24 dBu则是真正的专业设备；某些设备例如API 512c话筒放大器，最大输出电平可达+30 dBu，而输入电平能够承受高达+36 dBu，则属于比较强悍的设备。

最大电平与标准工作电平之间的差值叫作余量（Headroom）。例如最大电平为+14 dBu的设备能够提供的余量为10 dB，而最大电平为+24 dBu的设备能够提供的余量为20 dB，此时后面的设备能够承受电平表"更高的跳动"而不会削波。

最大电平有时比标准工作电平还要重要，这是因为录音棚中的所有设备可能会以一定的顺序依次连接起来。在实际使用中能够使用的余量将由所有设备中余量最小的设备决定。例如现在有5个设备连接在一起，其中第3个设备最大输入输出电平仅有+14 dBu，余量为10 dB，那么其他设备上的电平表就不能超过+14 dBu或-8 dB FS（+4 dBu=-18 dB FS）。一旦超过该数值，第3个设备就会削波从而导致声音失真。

第六节　输入、输出阻抗

阻抗（Impedance）看上去是一个比较陌生的词，但是先让我们来看看阻抗的定义：阻抗为电路中对交流电流的阻碍作用。现在看上去阻抗好像和熟悉的电阻差不多，其实我们可以把阻抗想象成交流电路中的电阻。由于音频信号是周期性变化的电信号，其电流方向及电压极性都发生周期性的改变，音频信号实际上就是交流电，因此当讨论音频设备的电阻时，我们需要使用阻抗这个概念。

对于输入设备，例如话筒，由于该设备需要输出音频信号，即向设备外输出电流，其自身的阻抗实际上是在阻碍电流的输出，所以对于输入设备来说，其内部阻抗要足够小。这个阻抗叫作输出阻抗（Output Impedance）或源阻抗（Source Impedance）。

对于输出设备，例如录音机，由于该设备需要输入音频信号，即收集由设备外输入的电流，因此其自身的阻抗需要大一些，这样电流全部被其内部阻抗所阻碍，变成了电压（欧姆定律 $U=I \times R$）。所以对于输出设备来说，其内部阻抗要足够大，这个阻抗叫作输入阻抗（Input Impedance）或负载阻抗（Load Impedance）。

我们也可以通过将这两个设备连接起来看看输出阻抗及输入阻抗的关系，如图7-11所示。

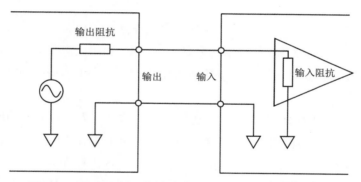

图7-11　两个设备连接起来后输出阻抗与输入阻抗的关系

左边的设备能够输出信号，因此其内部阻抗为输出阻抗；右边的设备需要输入信号，因此其内部阻抗为输入阻抗。当两个设备连接起来以后，我们可以将输出阻抗与输入阻抗视为两个电阻的串联。根据欧姆定律，两个电阻串联后，每个电阻的电压与其阻值成正比，即阻值较大的电阻上会具有较高的电压。为了让电压尽可能多的送至输入信号的设备上，即输入阻抗上的电压要高，则要求输入阻抗要比输出阻抗高，即输入阻抗要高于输出阻抗。一般建议输入阻抗至少为输出阻抗的10倍以上。

常见设备的阻抗如下：

话筒输出阻抗：50～200 Ω；话放输入阻抗：1.5～3 k Ω；

线路输出阻抗：120～600 Ω；线路输入阻抗：3～10 k Ω；

电吉他输出阻抗：5～15 k Ω；DI Box输入阻抗：150～2 M Ω。

从以上数值中我们可以发现，电吉他拾音器的输出阻抗明显比其他设备的输出阻抗大，因此不能直接将电吉他连接至设备的线路输入。否则不仅大部分电压仍然还在电吉他一端，而且对于线路输入来说，电吉他较高的输出电阻使得线路输入端口成为类似悬空的状态，其结果就是不仅电吉他的声音轻，同时还有很大的底噪和交流声。所以当需要将电吉他直接连接至音频设备时，一定要使用DI Box或设备的乐器输入接口（Instrument Input），这样才能保证电吉他的信号顺利地送至下一个设备。

第三部分

音频相关设备

第八章
话筒

话筒（Microphone），学名传声器，是指能够拾取声音振动的机械能，并将其转化为电信号的换能器（Transducer）。话筒拾取的音质由其换能原理决定。

第一节 换 能 原 理

一、电动式话筒

电动式话筒（Dynamic Microphone）是指利用法拉第电磁感应定律，通过将声音的振动转换为切割磁感线的导体的运动，进而产生了与声音振动变化一致的电流。常见的电动式话筒包括动圈话筒与铝带话筒。

1. 动圈话筒

动圈话筒（Moving Coil Microphone）使用在磁场中振动的线圈切割磁感线来产生电流。动圈话筒的基本结构如图8-1所示。其基本结构包括用于接收空气压强变化的振膜（Diaphragm）、与振膜粘在一起的音圈（Voice Coil）以及周围用于形成磁场的磁铁（Magnet）。

当声音的振动传播到振膜后，振膜

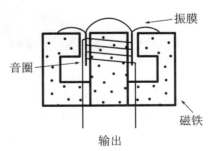

图8-1 动圈话筒基本结构

就随着空气压强的变化而振动。振膜的振动直接带动音圈的振动。由于音圈处于磁铁形成的磁场中，当音圈切割磁场中的磁感线后，音圈中就形成了电流。由于音圈的振动与声音振动完全一致，因此由音圈切割磁感线的电流变化也与声音振动一致。至此，动圈话筒完成了能量形式的转换。

由于动圈话筒的振膜及音圈的质量比较大，因此动圈话筒的灵敏度较低，对使用时周围环境要求不高。质量较大的振膜对快速振动响应也较差，因此动圈话筒拾取声音的高频通常不超过16 kHz。但是较低的灵敏度也使得动圈话筒能承受较高的声压级。动圈话筒结构简单，因此其耐用性及可靠性非常高，成本也比较低。根据这些特点，动圈话筒经常用于个人工作室或现场演出中对人声或响度较高的乐器拾音。当然，动圈话筒也适合于在录音棚中使用，常用于拾取鼓组及电吉他音箱等。大多数动圈话筒均为顶端拾音（Top Address）话筒，即声音从话筒的顶端进入。最常见的动圈话筒为Shure SM57（图8-2），为乐器动圈话筒。

2. 铝带话筒

铝带话筒（Ribbon Microphone）使用在磁场中振动非常薄的铝带切割磁感线来产生电流。铝带话筒的基本结构如图8-3所示。其基本结构包括波纹状铝带振膜（Corrugated Ribbon Diaphragm），该振膜放置在由磁铁形成的磁场中。当声音的振动传播到铝带振膜后，铝带振膜就随着空气压强的变化而振动，并切割磁场中的磁感线。此时，铝带振膜中就形成了电流。

图8-2　Shure SM57动圈话筒

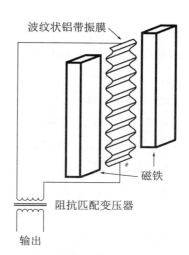

图8-3　铝带话筒基本结构

由于铝带振膜质量非常轻，因此其瞬态响应非常好，拾取的音色也比较温暖。但是铝带振膜非常脆弱，因此在使用铝带话筒时要非常注意。铝带话筒经常用于人声、电吉他音箱及管乐拾音。大多数铝带都是侧面拾音（Side Address）

图8-4　Royer R-122V铝带电子管话筒

话筒，即声音从话筒的侧面进入，常见的铝带话筒如Royer R-122V（图8-4）。

二、电容式话筒

了解电容式话筒之前，我们需要了解什么是电容。电容（Capacitor）是以电场形式储存电能的电子元件。其基本结构包括两块金属极板及其中间绝缘介质。如果在两块极板之间施加了直流电压（极化电压，Polarizing Voltage），电荷就在极板之间形成。能够储存电荷的数量使用容量C来表达。影响电容容量的因素包括极板正对面积、绝缘介质及极板的间距。当容量发生变化时，极板之间的电压就会发生变化（图8-5）。

图8-5　电容容量改变

1. 电容话筒

电容话筒（Condenser Microphone）基本结构如图8-6所示。其基本结构包括带有导电材料的振膜以及金属背板。这两个部分与中间所夹的空气形成了电容。当振膜随声音产生振动时，其与背板的间距发生变化，使得

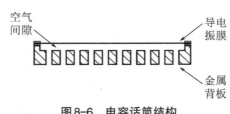

图8-6　电容话筒结构

电容的容量发生变化，最终变化为随声音振动变化一致的电压变化。

为了让电容话筒的两个极板之间充满电荷，需要提供一个电压到振膜与背板之间，这个电压由调音台的幻象电源（Phantom Power）提供给话筒。幻象电源的电压在12～48 V之间，以48 V最为常见。由于电容只能提供电压，阻抗接近无穷大，因此电容话筒内部都具有放大器，负责信号的电压与阻抗转换工作。根据设计不同，话筒还可能会使用自带电源为话筒提供更灵活的工作电压。

图8-7　AKG C414-XLS电容话筒

电容话筒型号及种类很多，价格有不到千元至十万元各种级别。例如图8-7中所示为AKG C414-XLS电容话筒，该话筒为侧面拾音话筒。

在连接及断开电容话筒时，一定要按照正确的操作流程。在连接电容话筒之前，首先确保话筒放大器及调音台上相关通道的音量都已经关闭，然后连接话筒，接着打开幻象电源开关，再慢慢旋转话筒增益及相关通道的音量控制，直到听到声音为止。断开电容话筒则以相反的顺序进行，即先关闭话筒放大器及调音台上相关通道的音量，然后关闭话筒增益，再关闭幻象电源，最后断开话筒与设备的连接。

由于电容话筒的振膜上不需要额外的零件，因此其振膜质量非常轻，使得电容话筒拥有非常好的音频性能，例如较高的灵敏度，非常好的高频响应（频率响应的高频很容易达到或超过20 kHz）。但是也正是因为其灵敏度太高，电容话筒需要在较好的声学环境下使用，并且需要配合防震架和防喷罩等附件。另外，由于其振膜很轻薄，抵抗恶劣环境的能力也比较差，因此大部分电容话筒仅限在录音棚中使用，保存时需要满足一定的温度及湿度。当然，现在也有部分电容话筒在设计时考虑到了现场演出的使用环境，请在使用前确认话筒是否适用于现场演出。

2. 驻极体话筒

驻极体话筒（Electret Microphone）和电容话筒的基本结构很接近。主要区别在于振膜的处理。驻极体话筒的振膜在制作过程中通过电子束辐射等手段，使其永久带电荷，因此振膜不需要极化电压。驻极体话筒内部仍然包

含话筒放大部分，但是往往使用基于晶体
管的简单电路即可，这就意味着驻极体话
筒对电源的需求灵活很多，通常只需要
1.5～9 V即可，非常适合以电池供电的
设备应用。另外，驻极体话筒也可以做得
很小，使得驻极体话筒可以在很多以前无
法想象的位置来安装及使用，例如话筒可
以安装在乐器上"隐藏起来"。图8-8为
Earthworks M50话筒，使用直径6 mm的
驻极体话筒头，其高频响应高达50 kHz。

图8-8　Earthworks M50驻极体话筒

第 二 节　使 用 设 计

话筒会根据其使用方法分成以下几类：

一、手持话筒

手持话筒（Hand-held Microphone）是最常见的使用形式。这种话筒在
设计时充分考虑了物理振动的隔离问题，同时也考虑到对偶然掉落时的保
护，因此可以直接手持使用。当然，手持话筒也可以通过话筒夹安装于话筒
架上。例如图8-9所示的Audix OM6，其话筒头具有坚固的金属网格保护，
内部包括了防震系统及防风罩等必要设计。

二、立式话筒

立式话筒（Stand-Mounting Microphone）在设计时要求必须安装在话筒
架上来使用，而不能手持。立式话筒往往也会自带或要求使用与其配套的防
震架（Shock Mount），这样可以隔绝通过话筒架传导过来的物理振动。大多
数立式话筒受限于本身及附件的体积，仅仅适合于录音棚使用。图8-10所
示为Neumann U87Ai立式话筒。

三、微型话筒

微型话筒（Lavalier/Miniature Microphone）为体积很小的话筒。微型话

图8-9　Audix OM6手持话筒

图8-10　Neumann U87Ai立式话筒

筒可以灵活地安装，例如夹在衣服上或安装于乐器上，同时也不会在视觉上产生太大的影响。微型话筒往往需要配合无线发射与接收系统，使演员可以完全摆脱话筒线的束缚，因此被广泛应用于各种形式的舞台演出。图8-11为Countryman B6微型话筒。

四、接触话筒

接触话筒（Contact Microphone）不直接拾取空气振动，而是贴在乐器振动的表面上，直接拾取机械振动。由于接触话筒不直接拾取空气振动声音，因此音响系统可以使用较大的增益而不发生反馈啸叫。但是接触话筒的使用比较复杂：首先，接触话筒仅能用于乐器拾音，而对于人声，接触话筒是无法与声带直接接触的；其次，由于乐器的振动模式非常复杂，接触话筒的安装位置对声音拾取的结果影响非常大。因此接触话筒主要在现场演出中使用，而在录音棚中使用较少，除非遇到无法解决的串音时才考虑使用。图8-12所示为C-Ducer CQM-8接触话筒。

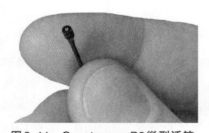

图8-11　Countryman B6微型话筒

图8-12　C-Ducer CQM-8接触话筒

五、界面话筒

常规话筒通过响应空气振动的速度变化进行拾音，而界面话筒（Boundary

Microphone）将话筒振膜尽量靠近一个平面，通过拾取振膜与平面之间的空气压力变化来拾音。同时，由于界面的话筒振膜几乎紧贴于界面，因此界面话筒拾取不到声音到达墙面的反射声，从而减少了梳状滤波效应的发生。图8-13所示为Crown PZM-30D界面话筒。

六、枪式话筒

枪式话筒（Shotgun Microphone）在话筒振膜前方设计了较长尺寸的干涉管（Interference Tube），使得来自话筒正前方的声音不受影响，但是来自话筒侧面的声音会发生干涉现象并抵消，因此枪式话筒可以仅仅拾取来自正前方的声音。枪式话筒主要在复杂环境中拾取特定的声音，或者拾取远距离声音。在录音棚中除非需要特殊效果，一般不会使用枪式话筒。

图8-13　Crown PZM-30D界面话筒

图8-14　Sennheiser MKH416枪式话筒

第三节　话筒的声学特性

一、指向性

指向性（Polar Pattern）是指话筒对来自不同方向声音的拾取能力差别。指向性使用极坐标图来表示。话筒振膜位于极坐标图中的极点位置，振膜正前方法线方向定为极轴，即0°，其余角度则按照顺时针进行标记。极坐标图中极径代表对声音拾取的幅度相对差别，其最大值为0 dB（最外圈），最小值为$-\infty$ dB，即极点的位置。话筒的指向性有很多，其中基本指向性有以下三种：

1. 全指向

全指向（Omnidirectional）话筒对所有方向的声音拾取能力是完全一样的，其极坐标图如图8-15所示，可以发现在所有角度上的极径都一样，即表示在所有角度上拾取的声音没有相对幅度差别。

全指向话筒的实现方法是将振膜背面封闭，此时振膜可以感受来自各个方向的空气振动。由于全指向话筒对各个方向声音都很敏感，所以在演奏过程中，即使乐器与话筒之间发生了一定的位移，拾取的声音也不会有太多变化。因此在声学条件好的录音棚中录音时，推荐优先使用全指向话筒。

2. 心形

心形（Cardioid），又称单指向（Unidirectional），这种指向性的话筒对正前方声音的拾取能力最高，对正后方声音几乎不能拾取，其极坐标图如图8-16所示。图中0°的极径最长，即话筒正前方具有最高的灵敏度。随着角度的增加或减少，极径慢慢变短，即话筒侧面的灵敏度慢慢降低。直到180°时极径为0，即话筒正后方几乎不能拾取声音。

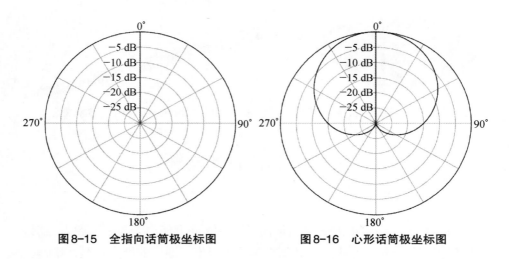

图8-15　全指向话筒极坐标图　　　　图8-16　心形话筒极坐标图

心形话筒的实现方法是在话筒振膜后方封闭的背板上开一些孔。这些孔的位置及直径经过预先计算，共同形成了声学相位延迟网络，使得不同位置的声音到达振膜的前后产生了不同的时间差。来自正前方的声音会叠加，而来自正后方的声音会抵消，因此产生了心形指向。

心形话筒虽然可以减少来自侧面及后面声音的拾取，但是由于其侧面对不同频率的灵敏度不一样，因此话筒正前方与侧面所拾取的频率响应会不同。同时，由于心形话筒具有近讲效应（在本节稍后会提到），因此使用心形话筒时需注意声源与话筒的位置要相对保持固定。

3. "8" 字形

"8" 字形（Figure-8），又叫作双指向（Bidirectional），这种指向性的话筒只对振膜前方及后方的声音具有最高的灵敏度，但是对侧面的声音几乎不能拾取，其极坐标图如图8-17所示。图中0°及180°的极径最长，即话筒正前方及正后方具有最高的灵敏度，但是两边的极性互为相反。随着角度增加或减少，极径慢慢开始变短，即话筒的

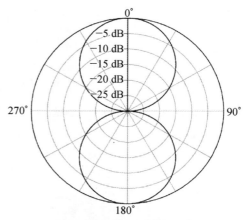

图8-17 "8" 字形话筒极坐标图

灵敏度开始慢慢降低。直到90°及270°时极径为0，即话筒侧面几乎不能拾取声音。

"8" 字形话筒的实现方法是将振膜背面彻底打开，因此振膜的正反两面都可以感受空气振动，但是来自侧面的空气振动会同时施加到振膜的正反面，从而产生抵消。大部分铝带话筒由于其设计结构，指向性均为"8"字形。"8" 字形话筒适合在话筒数量有限的情况下拾取两个声源，一个典型的应用就是使用一支"8"字形话筒放置在鼓组中的两个嗵嗵鼓之间，此时这支话筒可以同时拾取两边的嗵嗵鼓。

以上三种指向性为标准的指向性。有些话筒还提供这三种指向性之间的指向性，例如介于全指向与心形之间的宽心形（Sub-Cardioid），介于心形与"8"字形的超心形（Super-Cardioid）与锐心形（Hyper-Cardioid）。而有些话筒，例如AKG C414-XLS，在每两种标准指向性之间还提供了三种指向性，用户可以从九种指向性中选择一个合适的进行使用。

二、单振膜话筒与双振膜话筒

话筒不同指向性可以使用不同的方法来实现。具体方法与话筒使用的振膜数量有关。

1. 单振膜

单振膜（Single Element）话筒，其话筒头使用了一片振膜。对于顶端拾音话筒来说，大多数都为单振膜话筒；对于侧面拾音话筒来说，如果指向性

不能改变，也是单振膜话筒。单振膜话筒改变指向性需要更换话筒头，或者通过改变话筒头的声学结构来实现。

例如Schoeps Colette系列模块化话筒，提供了以下不同指向性的话筒头：

MK2话筒头（图8-18），指向性为全指向。注意该话筒头的侧面没有任何开口。话筒振膜的后面完全封闭。

MK4话筒头（图8-19），指向性为心形。注意该话筒头的侧面带有开槽。这些开槽与话筒振膜后面的部分组成了声学相位延迟网络。

图8-18　Schoeps MK2话筒头　　图8-19　Schoeps MK4话筒头

MK5话筒头（图8-20），指向性为全指向/心形可变。其实现方法是通过拨动话筒侧面的开关来关闭或打开侧面的开槽实现指向性的改变。

MK6话筒头（图8-21），指向性为全指向/"8"字/心形可变。这是通过改变话筒内部声学结构来实现。此话筒头为侧面拾音话筒头，话筒正前方使用红色的点来表示。

图8-20　Schoeps MK5话筒头　　图8-21　Schoeps MK6话筒头

单振膜全指向话筒受话筒本身形状影响，不同频率的指向性也有细微差别。频率越低，指向性越趋向于完美的全指向。但是由于话筒后方本身会遮挡波长较短的高频，因此随着频率的升高，侧面及后面拾取的高频衰减越多，因此指向性越趋向于心形指向。例如图8-22是Schoeps MK2全指向话筒头在不同频率下的极坐标图。

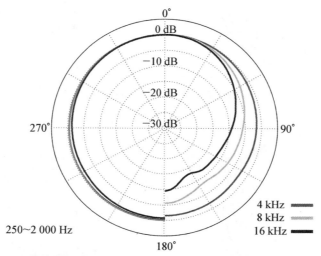

图8-22　Schoeps MK2话筒头全指向极坐标图

这个特性导致单振膜全指向话筒在不同的声学环境下使用时需要进行一些调整，用来补偿高频指向性变化所引起的高频拾取比例变化。该调整主要依据拾音时是否需要拾取环境声。不同厂家有不同的调整方法。例如DPA通过更换话筒头上的话筒帽来实现。

图8-23所示的DD0251话筒帽主要在混响较少的录音棚或以直达声拾取为主的情况下使用。由于此时大部分声音均来自话筒正前方，话筒后方的高频衰减不会对声音的整体频率比例有较大的影响。

图8-24所示的DD0297话筒帽主要在需要拾取环境声的情况下使用。由于此时拾取的声音会从话筒的各个角度进入话筒，因此单振膜全指向所存在的侧面及后面的高频衰减就会导致环境声拾取的高频不足。DD0297话筒帽可以对话筒拾取声音的高频进行提升，这样就可以弥补侧面及后面的高频衰减。但是注意此时从话筒正前方拾取的声音同样会受到高频提升。请通过实际监听结果来决定是否使用该话筒帽。

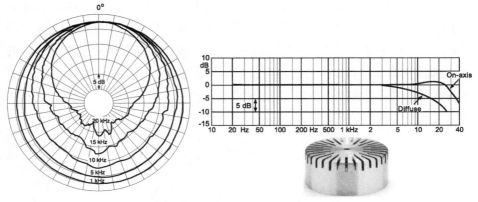

图 8-23 用于自由声场的话筒帽

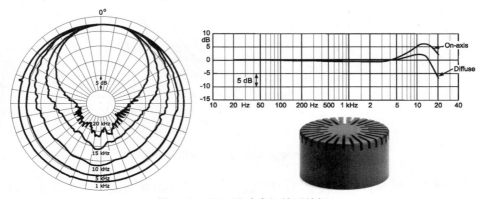

图 8-24 用于混响声场的话筒帽

2. 双振膜

双振膜（Dual Element）话筒，其话筒头使用两片振膜，或使用两个单振膜话筒头。这两个话筒头通常为心形指向，且背靠背放置（图 8-25）。大多数可变指向性的侧面拾音话筒都是双振膜话筒。

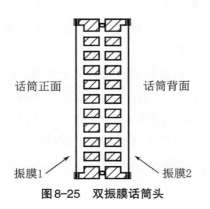

图 8-25 双振膜话筒头

双振膜话筒通过改变两个心形话筒头之间的幅度及极性来改变指向性，如图 8-26 所示。如果两个话筒头幅度相同，且极性相同，一个心形话筒头后面不灵敏的部分通过另一个心形话筒的前面来补偿，此时得到了全指向；如果只开一个心形话筒头，此时得到了心形指向；如果两个话筒头幅度相同，但极性相反，两个心形话筒头的重叠区域由于极性相反而被抵消，此时得到了"8"字形指向。宽心形和超心形等指向则可以通过同时改变幅度及极性来实现。

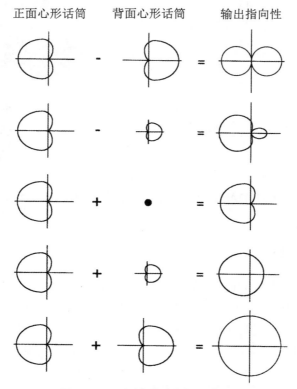

图8-26　双振膜话筒的指向性形成

　　由于双振膜话筒由两个背靠背心形话筒头组合而成，因此这种话筒的全指向对不同频率的指向性也有细微差别。频率越低，指向性越趋于完美全指向；频率越高，每个心形话筒头对两侧拾取的高频也越少，重合的区域也越少，指向性越趋于"8"字形指向。例如图8-27为Neumann U87Ai话筒设置为全指向时，不同频率的极坐标图。

　　有些厂商还推出了包含多个话筒头的话筒。例如Soundfield公司的SPS200话筒（图8-28），使用四个心形话筒头，配合矩阵处理可以兼容从单声道至一阶Ambisonics模式的拾音，非常适合为VR视频提供360°全景声拾音。

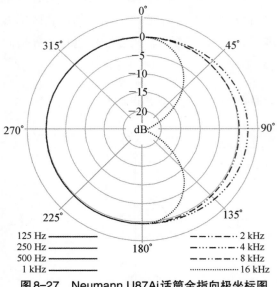

125 Hz ————————
250 Hz ————————
500 Hz ————————
1 kHz ————————
— - — - — 2 kHz
— · · — · · 4 kHz
— · — · — 8 kHz
— — — — 16 kHz

图8-27 Neumann U87Ai话筒全指向极坐标图　　图8-28 Soundfield SPS200话
　　　　　　　　　　　　　　　　　　　　　　　　　　　筒头结构

三、近讲效应

近讲效应（Proximity Effect）是指当声源离话筒越近，拾取到的声音低频提升越明显的效应，其频率变化如图8-29所示。该效应主要存于指向性话筒，"8"字形话筒有最强的近讲效应。其产生原因是当声源与话筒距离减少时，声学相位延迟网络对低频的抵消能力慢慢降低。近讲效

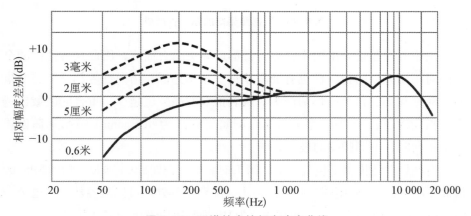

图8-29　近讲效应的频率响应曲线

应有利有弊。例如拾取人声时，可将话筒靠近声源，以得到温暖厚实的人声。不过也要防止声源距离话筒过近导致话筒或话放过载。同时，某些情况应避免近讲效应。例如对于公共广播来说，过多的低频会影响语言清晰度，甚至公共广播用扬声器不能重放这些低频导致功放或扬声器过载。此时需要控制话筒与声源的距离，或使用高通/低切滤波器将不需要的低频过滤掉。在使用心形话筒拾音时也要注意话筒与声源位置要相互固定，否则声源靠近或远离话筒时，拾取到的声音低频幅度也会发生变化。

四、梳状滤波

梳状滤波（Comb Filter）是指声音在频率上发生的周期性增强及抵消现象。这是由于同样的延迟时间对不同频率的声音所产生的相位差不同。例如1毫秒的延迟，对于500 Hz（2毫秒周期，180°相位）、1.5 kHz（2/3毫秒周期，360°+180°相位）等频率都会产生抵消现象；而对于1 kHz（1毫秒周期，360°相位）、2 kHz（0.5毫秒周期，360°+360°相位）等频率则会产生增强现象。如图8-30所示即为粉红噪声的原声与1毫秒延迟声混合后产生的梳状滤波现象。从频谱上看，整个频谱范围好像木梳一样，因此这个现象叫梳状滤波。

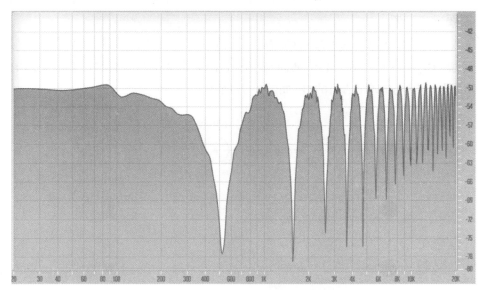

图8-30　1毫秒延迟产生的梳状滤波现象

如果同一个声音经过不同的路径到达话筒或听者，不同路径引发的时间差就会产生梳状滤波现象。例如在话筒后面如果有面玻璃，或将话筒放在桌子上，除了声源发出的直达声到达话筒以外，通过玻璃或桌面的反射声也会到达话筒，这就是同样声音经过不同路径的情况。发生梳状滤波后，声音会变得模糊不清晰，且有金属化的感觉。如果需要解决梳状滤波现象，则需要尽量消除反射。对于上例来说，可以将话筒远离玻璃，或者在桌面上铺布等。另外，由于界面话筒的话筒头紧贴界面，几乎拾取不到反射声，因此能够有效避免梳状滤波现象。

五、距离因数

距离因数（Distance Factor，简称DF），是指向性话筒（例如心形）与全指向话筒收到同样直达声与环境声比例的距离比。DF的意义在于，当改变话筒指向性时，如何改变话筒距离来得到同样的直达声和环境声的比例。

全指向话筒理论上可以收到来自所有方向的声音，因此拾取的声音包括了直达声与环境声。当把这支全指向话筒换成心形话筒时，由于心形话筒后方收不到声音，因此来自后方的环境声变轻，此时直达声与环境声的比例发生了变化。为了让目前的比例与使用全指向话筒时的比例一致，心形话筒就需要远离声源。

心形话筒的DF为1.7，意味着当心形话筒与全指向话筒收到的直达声与环境声的比例相同时，心形话筒与声源的距离为全指向话筒与声源的距离的1.7倍。不同指向性话筒的DF如图8-31所示。

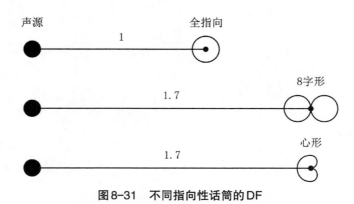

图8-31　不同指向性话筒的DF

第四节 立体声拾音

人的听觉系统包含左、右两只耳朵，且两只耳朵在头的两侧，因此来自不同方向的声音存在双耳强度差（Interaural Intensity Difference，简称IID）与双耳时间差（Interaural Time Difference，简称ITD）。为了拾取立体声，可以使用两支话筒，通过不同的摆放方式来拾取存在双耳强度差与双耳时间差的声音。在回放时将两支话筒的信号分别送至两个音箱或耳机，即可重现立体声。

当两支心形话筒以一定角度摆放时，由于话筒处于同一位置，因此来自不同方向的声音不会在两支话筒之间产生时间差；但是心形话筒各个方向拾取声音的灵敏度不同，因此来自不同方向的声音就会在两支话筒之间产生强度差。

当两支全指向话筒以一个较大的距离间隔摆放时，由于全指向话筒拾取各个方向的声音的灵敏度几乎一致，因此来自不同方向的声音不会在两支话筒之间产生很明显的强度差；但是此时两支话筒存在一定的间距，因此来自不同方向的声音就会在两支话筒之间产生时间差。

以上就是立体声拾音的两个极端。而通过调整两支话筒之间的角度及距离，我们就可以调整强度差及时间差的强度，来适应不同的应用场合。常见的立体声拾音话筒摆放方法如表8-1所示。

表8-1 主要立体声拾音技术对比

立体声拾音原理	同轴拾音/主要强度差		强度差+ 少量时间差	主要时间差
名　称	XY	MS	ORTF	AB
摆　放				
话筒间距 d	0 cm，经常垂直对齐		5~30 cm	40~80 cm 或更多
话筒夹角 β	70~180°	90°	0~180°	0~90°

名　　称	XY	MS	ORTF	AB
典型话筒类型	心形	心形 M + "8"字 S	心形	全指向
典型声音感觉	干净，清晰，较明亮			强烈空间感， 低频好
空　间　感	很有限		良好	很好
定　位　感	很好，偶尔中间重叠		良好	模糊

对于以拾取强度差为主的制式，例如 XY，由于两支话筒之间的信号几乎没有时间差，当两支话筒的信号混合成单声道后就不会产生明显的抵消现象。但是正是由于几乎没有时间差，因此听感上空间感不足。这种拾音制式主要用于需要单声道兼容的场合。

对于以拾取时间差为主的制式，例如 AB，由于两支话筒之间的信号存在较明显的时间差，当两支话筒的信号混合成单声道后就容易产生抵消现象。因此请不要将以 AB 制式录制的立体声信号混合为单声道。但是正是由于其信号存在较明显的时间差，因此其听感上具有较好的空间感。这种拾音制式主要在音乐厅中现场录制音乐会时使用。

第九章
调音台

第一节　调音台基础知识

调音台是录音棚音频系统的核心设备，能够直接连接录音棚中大部分音频相关设备，并负责信号的处理及路由。对于调音台的分类可以从以下三个方面进行。

一、用途分类

根据调音台所提供的功能及使用的场合，可以分成以下四类：

1. 现场演出调音台

现场演出调音台（Live Sound Console）用于各种场馆进行现场演出的扩音。这些调音台提供了众多的输入输出通道、更直接的控制、灵活的音频输入输出接口箱、方便的调音台设置记忆功能，同时为了应对现场可能发生的意外技术问题，现场演出调音台都提供了不同级别的冗余备份及热插拔能力。例如图9-1所示的Digico SD7现场演出调音台，提供了253输入通道、128输出

图9-1　Digico SD7扩音调音台

总线，3个15寸触摸屏控制界面，52个触摸电动推子，用于备份的双电源及双处理引擎。

2. 录音调音台

录音调音台（Recording Console）用于录音棚中各种形式的录音。这些调音台提供了高质量的话筒放大器与效果处理部分，并且重要参数可以进行自动化控制（记录及重现录音师对调音台的操作），同时也包含强大的信号分配及路由功能，可以在不改变线路连接的情况下对调音台本身及周边的效果器的连接顺序进行调整。录音调音台通常都采用固定安装，这是由于其体积、重量及耗电都非常大。例如图9-2所示的AMS Neve 88RS录音调音台，提供了多达96个输入通道，每个通道提供2个推子分别用于录音和监听，每个通道都带有均衡和动态处理以及功能强大的监听控制系统等。

图9-2　AMS Neve 88RS录音调音台

3. 混音调音台

混音调音台（Mixing Console）用于对来自多轨录音机的信号进行混合及处理。大部分录音调音台都能胜任混音工作，因为其已经具备高质量的信号处理部分。但是对于一些特殊应用场合，例如影视声音制作中的终混，则需要专门的混音调音台。这些调音台往往提供通道有限的话筒输入，但是其录音机输入通道数量众多，同时效果器也比录音调音台丰富及强大，最后这些调音台也可以根据需要"拆分"成不同的部分，以方便多个混音师同时进行操作。例如图9-3所示的Harrison MPC5混音调音台，在通常调音台所提供的效果器基础上还提供了针对影视声音制作的降噪等音频修复插件、触摸

图9-3　Harrison MPC5混音调音台

电动环绕声声像摇杆及实时通道波形显示等功能。

4. 母带调音台

母带调音台（Mastering Console）用于声音制作的最后一个步骤：母带处理。母带调音台提供的通道数量很有限，甚至有些母带调音台仅仅提供立体声输入输出，但是母带电平表提供了丰富的周边效果器连接，能够对其顺序调整、比例调整甚至进行MS处理。母带调音台的监听系统及电平表也是非常强大的，对电平的调整精度可以达到0.05 dB。例如图9-4所示的SPL MMC 1母带调音台，仅仅提供4组8通道输入，但是能够连接八个周边效果器用于处理，控制这些效果器的顺序并进行保存。总推子仅仅提供21 dB的幅度调整范围。

图9-4　SPL MMC 1母带调音台

二、大小分类

调音台厂商会按照其通道数量、处理能力及面对的客户群体，提供不同规模的调音台。可以分成以下三类：

1. 大型调音台

这类调音台英文通常叫作"Console"，通道数量可达48通道或更多，每个通道提供的处理能力也很丰富，其扩展能力也很灵活丰富，能够满足大型演出的扩音或大编制乐队的录音。图9-5所示为YAMAHA Rivage系列大型扩音调音台。

图9-5　YAMAHA Rivage系列大型扩音调音台

2. 中型调音台

这类调音台英文通常叫作"Mixer"，通道数量在16至48通道之间，提供的处理能力也能够满足大部分场合使用。但其扩展能力有限。例如图9-6所示的YAMAHA DM1000调音台，提供最多48输入通道与18个输出通道，每个通道仍然提供均衡及动态处理器，同时还内置4个多重数字效果器。

3. 小型调音台

这类调音台英文通常叫作"Compact Mixer"，通常数量低于16通道，提供的处理能力也仅限于输入通道均衡处理。但是其价格往往非常亲民，比较适合与声卡配合来提供更多的功能，也有一些小型调音台也提供USB接口用于直接连接计算机，省去了独立的声卡。例如图9-7所示的YAMAHA AG06调音台，提供2通道带均衡压缩处理的话筒输入、4通道线路输入、USB计算机/平板电脑声卡，支持头戴耳麦，非常适合播客（Podcast）制作。

图9-6　YAMAHA DM1000调音台　　　图9-7　YAMAHA AG06小型调音台

三、模拟调音台与数字调音台

1. 模拟调音台

调音台在处理音频信号时可以保持其原始连续变化的模拟电信号形式，这种调音台就是模拟调音台（Analog Console）。由于模拟调音台并未将声音转换为数字形式，因此其音频相关技术指标不会受到采样频率及比特精度的限制。不同厂商的电路设计也会使调音台拥有不同风格的"音色"。但是模拟调音台结构复杂，使用及维护成本高，因此模拟调音台主要在录音棚中使用。大部分高端录音调音台，例如AMS Neve 88RS、API Vision及SSL Duality δelta，均为模拟调音台。

2. 数字调音台

数字调音台（Digital Console）是将模拟音频信号转换为数字信号后再对其处理，处理结束后重新转换为模拟音频信号输出。数字调音台可以在与模拟调音台相同的体积内提供更多的通道及处理能力。数字调音台的模块化结构设计使其结构相对简单，可靠性高，同时对接口数量及处理能力的扩展也很灵活方便，并借助自定义推子、大型触摸屏及场景记忆等功能，使得数字调音台非常适合于现场演出及影视声音后期制作等应用场合。虽然数字调音台的音频相关技术指标受限于采样频率及比特精度，但是如今的高端数字调音台音质已经与模拟调音台不分伯仲。

第二节　调音台的基本结构

尽管调音台具有不同的尺寸及不同的功能，但是其基本结构及界面是相似的。图9-8为SSL Duality δelta调音台的基本组成部分。

图9-8　SSL Duality δelta录音调音台

调音台左边及右边最密集的区域为通道部分（Channel Section）。这个部分用于控制输入通道。每个输入通道占用该部分的一列，该通道的控制依次从上至下排列。

调音台中间的区域为主控部分（Master Section）。调音台所有通道的信号会混合至主控部分并输出。主控部分还包括监听控制、自动化控制等功能。

调音台上方的区域为表桥（Meter Bridge）。表桥用于显示输入及输出通道的电平。早期的调音台使用指针式VU表或LED表来显示电平。最新的调音台已经在表桥部分使用LCD显示器进行显示。这时可以显示的内容不仅包括电平表，还包括详细的通道信息及自动化控制等。

根据设计、散热及噪声隔离需要，调音台的一些部分会放置于录音棚的机房。这些部分包括但不限于：音频接口箱、数字调音台的信号处理系统、自动化控制计算机及调音台电源等。

第三节　通 道 部 分

调音台作为录音棚音频处理的核心，其提供的功能也是非常丰富的。最主要的功能都位于通道部分。我们以SSL 4000G调音台为例，介绍调音台所提供的各种功能。

一、话筒放大

调音台的话筒放大部分用于放大话筒电平的信号至线路电平，以方便调音台随后的处理。对于线路电平的输入信号，调音台也能够在一定范围内调整其幅度。在录音时，也会为某些乐器使用外部的话筒放大器来得到"特定的音色"。由于话筒放大部分是整个音频处理过程中的第一步，话筒放大器的音频性能及其调整是非常关键的。大部分错误使用话筒放大部分所产生的问题都无法在随后的处理过程中修复，因此请仔细调整话筒放大部分的设置。

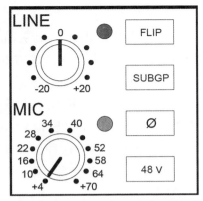

图9-9 SSL 4000G调音台话筒放大部分

图9-9为SSL 4000G调音台的话筒放大部分。其他调音台及独立的话筒放大器均提供类似的功能。

1. 增益旋钮

增益旋钮（Gain/Trim）用于控制话筒放大器对信号放大的程度，单位为dB。典型的话放增益范围为60～70 dB左右。Gain通常用于话筒信号的处理，只提供正增益；Trim通常用于线路信号的处理，以0 dB为中心，逆时针旋转可以对信号进行衰减，顺时针旋转可以对信号进行提升。在SSL 4000G调音台中，MIC旋钮对应话筒的增益调整，LINE旋钮对应线路的增益调整。

2. 话筒/线路输入切换开关

话筒/线路输入切换开关（Mic/Line 或 Flip）用于切换当前通道使用话筒输入接口还是线路输入接口。请根据设备的连接情况选择所使用的接口。

3. 极性反转开关

极性反转开关（φ、Polarity、180°或"Phase"）用于将信号极性反转。该开关用于将极性不同设备所输出的信号调整至同一极性。

4. 幻象电源开关

幻象电源开关（Phantom Power 或 48 V）用于控制调音台是否为话筒提供幻象电源。大多数电容话筒都需要幻象电源才能工作，因此在使用电容话筒时请打开此开关。如果使用了外部话筒放大器，则请使用外部话筒放大器上的幻象电源为话筒供电，而不要使用调音台上的幻象电源。对于大部分动圈话筒、铝带话筒及自带电源的话筒，请不要打开幻象电源，以免损坏话筒或设备。请仔细查阅话筒的说明书来确认是否需要使用幻象电源。

5. 衰减开关

衰减开关（Pad）：用于将输入信号衰减到一定程度，通常为20 dB。由于SSL 4000G具有独立的话筒增益及线路增益控制，因此该调音台上没有衰减开关。而对于像YAMAHA DM1000（图9-10）这种话筒与线路共用增益控制的调音台，则会提供该开关。

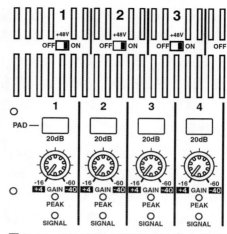

图9-10　YAMAHA DM1000调音台话筒放大部分

二、效果处理

调音台的信号处理部分包括调音台提供的各种效果器。最基本的调音台也会提供均衡器用于提升或衰减声音的某些频段。而录音调音台则会提供动态处理器用于声音动态范围的控制。数字调音台则会提供更多的效果器用于选择。

关于信号处理的部分，请详细参考第十一章。

三、混音与分配

调音台的一个重要功能就是将多个通道的信号混合后输出。这一部分主要对应调音台的总线分配部分。

1. 推子与哑音

音频信号经过调音台的话筒放大部分及效果处理部分完成后即送入推子用于音量控制。推子，又称推杆，学名衰减器（Fader），用于控制每个通道的音量。其单位为dB，是相对值。0 dB表示经过推子的信号幅度不会变化。虽然其名字包含衰减两个字，但是大部分推子都提供了0 dB以上能够让信号幅度变大的范围，常见的范围在+6～+12 dB之间。推子的标准长度为100 mm，在一些小型调音台上，受限于体积，推子的长度为60 mm。

调音台的推子分为手动推子、电动推子与触摸电动推子三种。手动推子无法自动移动，因此提供的功能较少，但是仍然可以配合调音台的自动化系统进行"音量划线"功能，只是推子无法随着已经记录的音量变化移动，修改起来不太方便；电动推子（Motorized Fader）可以根据已经记录的变化来移动，能够提供足够的视觉反馈，但是如果需要修改已经记录的线会不太方便，因为推子无法感知录音师是否在推推子。触摸电动推子（Touch-sensitive Motorized Fader）在电动推子的基础上增加了触摸响应功能，能够感知推子是否被触摸，因此可以自动从回放模式转为记录模式。触摸响应推子的推子帽一般为灰色，且具有明显的金属光泽，其附近还包含用于自动化控制的按钮。

为了快速地关闭一个通道的音量，调音台提供了哑音（MUTE）按钮。按下该按钮时，该通道的信号就会断开。该按钮使用非常方便，但是要注意在抬起哑音按钮前，请确认输入信号的幅度及该通道的增益与推子位置不要发生较大的变动，以防音量突然变化对设备及人耳产生损坏。

2. 声像与平衡

音频信号经过推子后会送入声像电位器（Panning Potentiometer，简称Pan Pot或PAN）进行声像分配。声像电位器能够分配该通道送入左、右两个音箱的信号幅度比例，由此产生了双耳强度差，使得人们感觉到该通道的声音位置在两个音箱之间的某一个位置。

由于两个音箱播放同样的信号时声压级会提高6 dB，因此声像电位器放在中间时会对送入左、右两个音箱的信号进行一定程度的衰减。这个衰减量为声像法则（Pan Law）。常见的声像法则为−3 dB，即当声像电位器放在中间时，会对送入左、右两个音箱的信号分别进行3 dB的衰减。其他常用的衰减量还有−4.5 dB和−6 dB。

对于具有环绕声混音能力的调音台，声像电位器可能会有2个或者更多，例如图9-11为SSL 4000G调音台的声像电位器，由于该调音台具有4声道环绕声混音功能，因此其声像电位器包括左右声像（LR）及前后声像（FCB）。

对于立体声通道，这个电位器通常称为平衡电位器（Balance，简称BAL）。虽然调整平衡电位器也能让人们感觉到该通道的声音位置在移动，但是其实现原理和声像电位器是不同的。平衡电位器仅仅改变立体声通道中左右通道的音量比例。当平衡电位器放置在中间时，两个通道不会产生任何幅度衰减；当平衡电位器拧向一侧时，另一侧通道的幅度就会衰减；当

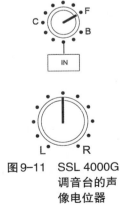

图9-11　SSL 4000G调音台的声像电位器

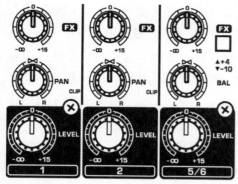

图9-12　Behringer 1202FX小型调音台的声像控制

平衡电位器拧到一侧极限后，另一个通道的信号会被完全衰减掉。因此平衡电位器只能用于微调立体声通道内的左右通道比例，不能用于"移动声像"。如果需要"移动声像"，请将立体声信号送至两个单声道通道，并使用声像电位器进行调整。例如图9-12所示为Behringer 1202FX小型调音台的声像控制。其中1、2通道为单声道，使用"PAN"控制声像；5/6为立体声通道，使用"BAL"控制平衡。

3. 混音总线

混音总线（Bus），又称母线，用于调音台进行多路信号的混合。最简单的调音台可以将多路信号混合为一对立体声总线，包含左、右两个通道。不同厂商对其有不同命名，常见的命名有Stereo、Master、Main Mix及LR Mix等。这个总线的幅度由一个推子来控制，称为总推子、主推子或主控推子。由推子输出的信号被送至立体声总线输入用于2轨音频录音，同时也被送至调音台的监听控制部分，用于输出至监听音箱。

对于录音调音台，除了提供立体声总线外，还会提供若干单声道的总线，每个通道上提供总线分配开关，用于设置该通道在总线上的分配。例如图9-13为SSL 4000G的总线分配开关。

SSL 4000G提供了36条总线，包括32条使用数字标记的单声道总线以及一组4通道总线（LF、LB、RF、RB）。该调音台具有四通道环绕声（Quadrophonic）混音能力，因此可以将任何一个通道送至该四声道总线，使用声像电位器控制其声像位置，或者使用LF、LB、RF、RB这些按钮来将当前通道分配至四声道总线中的一个或多个总线。

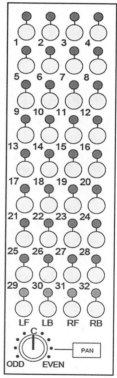

图9-13　SSL 4000G调音台总线分配开关

32条单声道总线用于连接多轨录音机的输入。使用这种方法可以灵活地控制该通道在多轨录音机中任意一轨上的录制，只需按动开关即可完成分配。例如首次录音时可以按下1，此时该通道会录制于多轨录音机的第一轨。录制完成后进行加倍录音时，只需关闭1并按下2，此时该通道就会录制于多轨录音机的第二轨，免去了跳线的工作，加快工作流程。

SSL 4000G调音台也为单声道总线提供了声像控制，称为奇偶声像。当PAN开关按下后，该通道的信号就会按照奇偶声像电位器的位置分配至奇数总线与偶数总线。使用奇偶声像可以将两条单声道总线作为一条立体声总线使用。但是请注意，奇偶声像会同时影响所有的奇数总线（1、3、5、7、9……）与偶数总线（2、4、6、8、10……）之间的比例，而所有奇数总线或偶数总线之间的信号幅度是一样的，即无法使用奇偶声像控制总线1、3、5、7、9……之间的比例。

4. 辅助发送

总线分配对于信号分配给多轨录音机这种情况比较合适，但是对于给演员做返听耳机混音就麻烦了。乐手对返听耳机的要求与录音师往往不一样，因此录音师调好比例的信号不一定适合演员。为了方便制作返听耳机混音，调音台提供了一种可以调整比例的信号分配方式，即辅助发送（Aux Send）。

辅助发送类似于总线分配，也具有单声道辅助发送和立体声辅助发送，但是与总线分配的区别在于两点：第一，辅助发送使用旋钮发送，可以调整每个通道发送至不同辅助发送的比例，而总线分配使用开关发送，无法调整比例；第二，辅助发送可以选择在推子前或推子后发送，这样可以根据不同的用途实现灵活的使用。图9-14所示为SSL 4000G调音台的辅助发送部分。

SSL 4000G调音台具有1对立体声辅助发送及4条单声道辅助发送。立体声辅助发送（上面两个旋钮）主要用于返听耳机混音。由于该立体声发送包含声像电位器与发送量旋钮，完全可以把这个立体

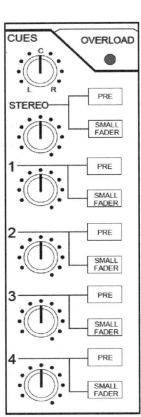

图9-14　SSL 4000G调音台的辅助发送

声发送想象成专门给乐手的另一行声像和推子。4条单声道辅助发送则仅仅包含发送量旋钮。

每个发送量旋钮右边的"PRE"按钮用于控制该辅助发送的位置是推子前还是推子后。

当"PRE"按钮按下时，该辅助发送的位置位于推子前（Pre Fader），此时辅助输出的信号大小不受推子控制，仅由辅助发送量旋钮的大小决定。这样就可以为乐手的返听耳机制作不受录音师推子影响的耳机混音了。

当"PRE"按钮抬起时，该辅助发送的位置位于推子后（Post Fader），此时辅助输出的信号大小同时受推子和发送量旋钮共同控制。由于发送位置在推子后，因此当推子降低时，发送量也随之降低。这种情况通常用于将信号发送至外部效果器。具体使用方法详见第十一章第六节。

虽然我们在这里区分了立体声总线、单声道总线及辅助发送的概念，其原因在于强调不同总线的功能。但是对于调音台来说，这些都是同一级别的"总线"概念。因此对于一些现场扩音调音台，为了适应不同的使用场合，所有的总线不再区分名称及功能，而统一叫作混音（MIX）。例如YAMAHA CL5调音台，提供了24条单声道MIX发送。每条发送的具体使用方法完全自定义，既可以使用旋钮控制发送量，也可以使用按钮进行快捷的开关分配，而24条单声道MIX也可以根据需要将相邻两条单声道MIX组成一条立体声MIX使用。

第四节　总　控　部　分

调音台的总控部分包含总线电平控制、监听与对讲系统、编组及独奏等功能。

一、总线电平控制

调音台的主控部分为每条总线提供了推子或旋钮用于总线电平控制。立体声总线通常使用推子来控制。单声道总线会根据总线的数量来决定，如果总线数量较少，可以使用推子来控制，这些推子常常与立体声总线推子放在一起；如果总线数量较多，可以使用旋钮来控制，这样可以节省空间。辅助发送总线则通常使用旋钮。例如图9-15为SSL 4000G调音台的辅助发送总线电平控制。该调音台使用旋钮来调整，并提供2段均衡用于调整音色。而单声道总线电平控制则设置于每个输入声道上，提供了更灵活的控制。

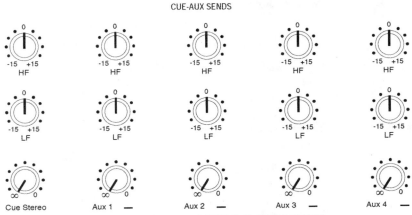

图9-15　SSL 4000G调音台的总线电平控制

二、监听与对讲系统

监听系统主要功能包括：分配混音信号至不同的音箱；监听外部设备（CD机、MD机等）或录音棚中的信号，实现录音棚与控制室的对讲等。例如图9-16为SSL 4000G的监听部分。该部分提供了以下功能。

指定监听信号的通道数目：通过按动MONITOR MATRIX的按钮选择监听音箱的监听模式，包括单声道（MONO）、立体声（STEREO）或四声道（QUAD）。

指定用于监听的音箱：通过按动MONITORS的按钮选择用于监听的监听音箱，包括近场监听音箱1（MINI 1）、近场监听音箱2（MINI 2）或关闭这两个开关以使用远场监听音箱。

指定监听音量：监听部分最大的旋钮（MONITOR）用于控制远场监听音箱的监听音量；MINI LS旋钮用于控制近场监听音箱的监听音量；CUT用于关闭监听音箱；DIM用于临时降低监听音箱的监听音量，以方便录音师与制作人交谈。DIM降低的幅度由DIM LEVEL旋钮设置。

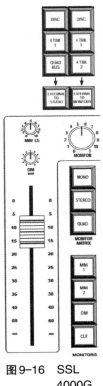

图9-16　SSL 4000G 监听部分

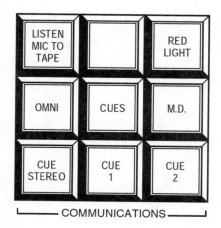

图9-17　SSL 4000G调音台对讲系统

监听外部设备：通过按动EXTERNAL TO MONITORS将该按钮上方所选择的外部设备信号送入控制室监听音箱。常见的外部设备包括计算机板载声卡输出、CD机、2轨录音机、3.5 mm音频插头输入等，具体设置与录音棚的配置有关。而EXTERNAL TO STUDIO按钮则将按钮上方所选择的外部设备信号送入录音棚返听音箱。

对讲系统用于录音棚与控制室之间的沟通。该功能通过按下所需的对讲按钮来实现。图9-17为SSL 4000G调音台的对讲系统。其中CUE STEREO、CUE 1及CUE 2分别对应调音台的三个Cue输出接口；CUES同时打开这三个Cue；OMNI则在CUES的基础上增加了SLATE信号，该信号为送至多轨录音机输入的对讲话筒信号，用于录音师记录标题及录音次数等语言信息。

三、编组功能

随着调音台通道数量的增加，多个通道推子的同时控制成为必要的功能。例如鼓组录音通常会使用8支甚至更多话筒进行拾音。如果此时希望调整鼓组相对于其他通道的比例，就需要同时且按比例地调整这8个通道的推子。通过调音台的VCA编组（VCA Group）功能，即可使用总控部分的一个编组推子来实现。

编组时，首先将需要编组的输入通道推子下方的拨码开关设置为同一个编号，然后即可通过总控部分相对应编号的编组推子来实现多个通道的同时控制。此时仍然可以使用输入通道的推子调整一个编组内通道的相对比例。

DAW软件也提供类似功能，但是需要注意的是，DAW软件在调整VCA编组推子时，相应编组的输入通道推子也会随之移动，提供了较好的视觉反馈；而对于调音台，输入通道的推子往往不会与编组推子一起移动。请在使用时注意。

四、独奏

独奏（Solo）在DAW软件中是通过打开其他通道的哑音（MUTE）实现的。这种独奏模式叫作Solo In Place，简称SIP。而在调音台上，其他通道的哑音（MUTE）意味着送至2轨录音机的信号也受到了影响。因此调音台上的独奏是通过推子后监听（After Fader Listen，简称AFL）来实现。

当按下某个通道的独奏按钮后，调音台会将该通道的输出同时送至AFL总线，而监听部分的信号来源则从立体声总线改为AFL总线。这样独奏的通道就通过AFL总线送至监听系统并输出，此时监听音箱仅仅能听到该通道的信号。由于每个通道送至立体声总线未发生改动，因此此时2轨录音机仍然可以记录所有通道的信号，也就是说使用了AFL功能后，独奏仅限于监听音箱，而不会影响其他设备。

对于现场演出调音台，独奏通常使用推子前监听（Pre Fader Listen，简称PFL）。此时每个通道输出至监听系统的信号来源于推子前，这就意味着即使通道的推子关闭，也可以使用PFL来监听该通道的信号。这对检查话筒及演员是否准备好非常有用。

第五节　分体式与占线式调音台

在使用调音台录音时，一支话筒需要使用调音台的两个通道：一个通道用于录音，即话筒信号送至多轨录音机录音；另一个通道则用于监听，即多轨录音机输出至调音台立体声总线。由于监听通道不可或缺，因此在极限情况下，32通道调音台只能进行16支话筒的录音（16路录音，16路监听）。这种调音台叫作分体式（Split Line）调音台。

为了更加合理地使用调音台通道，大型模拟录音调音台都使用了占线式（In Line）结构，即在调音台的每个输入通道中设置两路独立的通道：主通道（Channel Path）及监听通道（Monitor Path）。这样就解决了录音时可用通道数量被减半的限制。而在混音时，监听通道可以作为额外的通道输入，使得调音台的输入通道数量加倍。占线式调音台最典型的特征就是有大（主通道）、小（监听通道）两排推子，并在总控部分设置了调音台模式选择开关。现在以SSL 4000G调音台为例，配合模式选择开关，分别解释录音与混音时的信号流程。

一、录音状态

该状态下RECORD按钮及FADER REVERSE按钮按下，信号流程如图9-18所示。

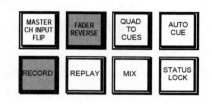

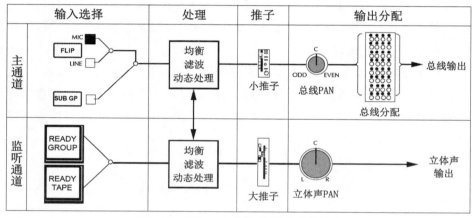

图9-18 SSL 4000G录音模式信号流程

话筒信号进入主通道，经过话放、信号处理、小推子（FADER REVERSE按下，大小推子互换位置）至输出分配，送至多轨录音机；多轨录音机输出信号进入监听通道，经过信号处理、大推子（FADER REVERSE按下）至立体声总线输出。

此时小推子控制录音电平，大推子控制监听电平。使用FADER REVERSE是为了方便混音设置。在录音时，即可使用大推子调整监听电平，而此时调整的各个通道比例可以作为混音时的基础比例直接使用。对于需要在录音时实时控制送入多轨录音机电平，可以关闭FADER REVERSE，此时即可使用大推子控制送入多轨录音机的电平。

二、混音状态

该状态下MIX按钮按下，信号流程如图9-19所示

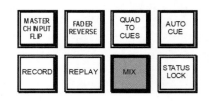

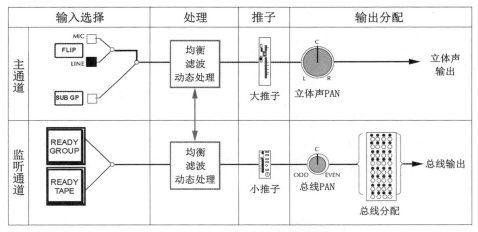

图9-19　SSL 4000G混音模式信号流程

此时多轨录音机回放输出至主通道，经过信号处理、大推子至立体声总线输出，进行混音。监听通道此时可作为额外的输入通道使用。

第十章
监听音箱

  监听音箱是音频系统的最终环节。各种设备记录、处理及回放的音频信号最终都会通过监听音箱重新转换为声音的振动。监听音箱的性能直接影响了对整个音频处理流程的判断，因此监听音箱是音频系统中非常重要的设备。监听音箱由箱体、低音单元、高音单元、倒相孔及功放等部分组成。图10-1为 Genelec 8050B 监听音箱。

图10-1　Genelec 8050B 监听音箱

第一节　扬声器单元

监听音箱最重要的部分为扬声器（Speaker）。扬声器是一种换能器，能够将电信号重新转换为声音。其基本原理和结构（图10-2）与动圈话筒类似，同样是利用法拉第电磁感应定律，通过将声音的电信号送至磁铁缝隙中的音圈，音圈随着声音电信号的幅度变化振动，并带动纸盆，以同样的幅度变化推动空气，从而产生空气振动。

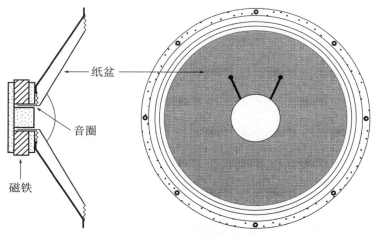

纸盆

音圈

磁铁

图10-2　扬声器基本结构

对于一个给定尺寸的扬声器，能够重放的频率会限定在一个范围。这是因为重放不同的频率所需的要求也不一样。对于高频，需要纸盆振动的速度足够快，因此纸盆的质量越轻越好。对于低频，随着频率的降低、波长的变长，同样的纸盆位移能够产生的声压级也越低。由于纸盆的位移受到扬声器磁铁及音圈的尺寸限制，为了让纸盆的位移变大，整个扬声器的尺寸也会变大。但是纸盆变大了，其振动的速度就不容易快起来。

为了解决这个问题，音箱往往会采用多个扬声器单元分别重放不同的频率。这种技术叫作分频。例如图10-1所示Genelec 8050B采用二分频设计，其分频点为1.8 kHz，低于1.8 kHz的频率范围由直径205 mm的低频单元（Woofer）回放；高于1.8 kHz的频率范围由直径25 mm的高频单元（Tweeter）回放。有些音箱还使用三分频技术，例如图10-3所示ATC SCM25A，即使用三个扬声器

图 10-3　ATC SCM25A 三分频音箱

单元分别回放，分别叫做低频单元、中频单元（Midrange）与高频单元，其分频点为 380 Hz 及 3.5 kHz。

第二节　箱　　体

箱体（Enclosure/Cabinet）也是音箱的一个重要组成部分。箱体用于安装音箱所需的各种部分，包括扬声器单元、分频器及倒相管等。箱体除了能保护各种部分以外，也能够提高扬声器的工作效率。这是由于箱体能够防止扬声器前后空气所产生的气压平衡现象的出现，如图 10-4 所示。

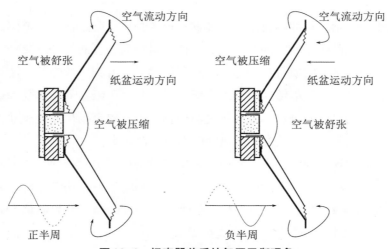

图 10-4　扬声器前后的气压平衡现象

在声音振动的正半周时，纸盆突出，压缩前方空气，同时后方空气被舒张，于是前方的空气为了保持气压平衡便流向后方；在声音振动的负半周时，纸盆的运动与正半周相反，扬声器后面的空气会流向前方。这种平衡导致只有很少一部分空气被压缩或舒张，大部分空气都被平衡掉了，从而引发听感上的低频减少，降低了扬声器的效率。这是因为高频波长较短，短于空气流动的距离，不易被抵消。

当扬声器单元放置于密封的箱体内以后，扬声器前方与后方的空气被箱体分隔开了，此时纸盆推动空气的效率就会高很多。同时，由于扬声器单元后方空气被密封在箱体中，也会对扬声器纸盆的振动产生一定的阻尼作用，使得扬声器的低频响应更加快速稳定，瞬态响应较好，声音听上去更加干净结实。这种箱体称为密封式（Sealed）箱体，例如图10-5所示的YAMAHA NS-10M Studio经典"白盆"音箱即采用密封式箱体。

图10-5　YAMAHA NS-10M Studio监听音箱

但是扬声器单元后方的空气也具有一定的能量，被密封到箱体中就会浪费掉。因此一些厂商在箱体上打开一个孔，这个孔叫作倒相孔，并在后面连接一定长度的管，叫作倒相管。这种箱体叫作倒相式箱体或低音反射式（Bass Reflex）箱体。

此时看上去箱体已经不密封了，但是对于不同频率的声音，倒相管所起的作用是完全不一样的：倒相管与箱体形成了一个亥姆霍思共振器（Helmholtz Resonator），存在一个固有的共振频率。高于共振频率的空气振动来不及在倒相管中振动，因此并不会通过倒相管传出箱体，此时箱体相当于"密封"的；在共振频率附近的空气振动会引发倒相管中的空气振动，结果在箱体外得到了一个极性相反的空气振动。这个空气振动的极性正好与

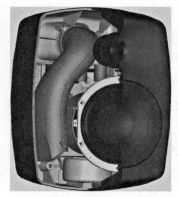

图10-6　Genelec 8000 系列音箱的倒相管设计

扬声器前方空气振动的极性相同，此时该频率的幅度会被增强，这也是"倒相"这个词的来源；低于共振频率的振动则会直接通过倒相管排出，此时箱体相当于"开放"的。因此倒相式音箱具有较高的低频效率，低频截止频率较陡峭。但是也会导致低频阻尼不足而使得瞬态响应不好，同时设计不好的倒相管也会由空气振动产生倒相管噪声，因此增加了音箱的设计难度。图10-6所示为 Genelec 8000 系列音箱的倒相管设计。

第三节　有源音箱与无源音箱

在第二部分第七章第五节，我们讨论过推动扬声器单元需要使用扬声器电平信号的问题。由于调音台或声卡只能输出线路电平的信号，因此需要功率放大器（Power Amplifier）将线路电平的信号放大至扬声器电平，继而推动扬声器单元。

大部分监听音箱都自带了与扬声器单元配套的功率放大器，并将一些控制开关或旋钮放置在音箱的背面用于调整。这种内置功率放大器的音箱叫作有源音箱（Active Speaker）。有源音箱无需外置功率放大器即可使用，其自带的功率放大器与扬声器单元匹配程度高，并可根据每个音箱的个体差异进行补偿。但是受限于音箱的体积，有源音箱的功放无法做到太大的功率。典型的监听音箱功率在150 W左右。

如果音箱没有内置功率放大器，则需要使用单独的功率放大器配合其使用。这种无内置功率放大器的音箱叫作无源音箱（Passive Speaker）。无源音箱的音质受功率放大器性能影响很大，但是由于其与功放配置灵活，且外置的功率放大器无体积限制，因此现场演出用音箱大部分为无源音箱。这些音箱单个功率可以达到2000 W以上，而且可以多个配合使用来控制功率及覆盖角度，使用非常灵活。

第四节　近场监听音箱与远场监听音箱

录音棚配置的监听音箱往往具有若干对，不仅有放置在调音台表桥上的小音箱，同时还有嵌入墙面的大监听音箱。这两个音箱不仅是小和大的区别，还在于听到声音的差别。

小音箱叫作近场（Near Field）监听音箱，即听者的距离要靠近音箱。此时听者听到的声音大多数是音箱的直达声，而房间的反射声不会对听觉起太大的作用。近场监听音箱具有非常好的细节及声音定位感，但是受限于近场监听音箱的体积，其低频下潜程度有限，而且在实际环境中很难有不受房间反射声影响的听音环境，因此近场监听音箱主要录音及混音时使用。

进场监听音箱对于位置的摆放也很有要求，首先，听者与音箱的距离必须在一定范围内。对于图 10-1 所示的 Genelec 8050B 监听音箱，其最佳听音距离为距离音箱 1.5 m。如果距离少于 0.7 m，音箱的低频单元与高频单元之间的间距相对于听者的距离就显得较大，此时听上去是两个点声源。如果距离超过 2.3 m，房间的反射声开始慢慢影响音箱的直达声。

其次，音箱距离后墙的距离也有一定的合适范围。对于 Genelec 8050B 监听音箱，其距离必须在 5 cm 以上；不建议 5 cm 至 1 m，因为在此范围内墙面反射声与直达声混合后的抵消频率会在 80～500 Hz 之间；禁止 1 m 至 2.2 m，此时抵消频率为 40～80 Hz 之间，是最明显区域。超过 2.2 m 则可以忽略抵消问题。

另外，音箱需要使用支架或垫脚使其高于桌面。直接放置于桌面的音箱与放置在桌面的话筒一样，都会产生梳状滤波现象。

最后，房间也要有一定的声学装修，防止过多的反射声到达听者的位置，同时可以减少低频驻波现象。

大音箱叫作远场（Far Field）监听音箱，即听者的距离要远离音箱。此时音箱的直达声与房间的反射声会共同被听者听到。远场监听音箱的频率范围，尤其是低频，远远超过近场监听音箱，功率及体积都比较大，而且为了在远距离达到一定的声压级，其扬声器单元的数量也比较多。远场监听音箱多用于电影音乐等需要考虑房间反射声时的监听。图 10-7 为 PMC QB-1A 远场监听音箱。

图 10-7　PMC QB-1A 远场监听音箱

第十一章
周边效果器

虽然调音台带有均衡及压缩等信号处理部分，但是录音棚也会配备丰富的周边效果器用于音频信号的处理。不同的周边效果器具有不同的音色，周边效果器越多，能够处理音频信号的方法及手段也越丰富。图11-1所示为美国加利福尼亚州塔尔扎纳（Tarzana，CA）的MIX LA录音棚丰富的周边效果器。常见的周边效果器包括如下种类。

图11-1　MIX LA录音棚的周边效果器

第一节　均　衡　器

均衡器（Equalizer）能够对声音的某一个或多个频段进行提升或衰减。通过使用均衡器能够改变声音的高、中、低频比例，从而在一定程度上改变音色。

常见均衡器包括两种类别：图示均衡器与参数均衡器。

图示均衡器（Graphic Equalizer）提供了若干个固定的频点，每个频点能够提升或衰减。最常见的图示均衡器是31段（1/3八度）图示均衡。图示均衡器通常用于音箱或房间的频率校正，一般不直接用于改变音色。图11-2所示为dbx 231s图示均衡器。

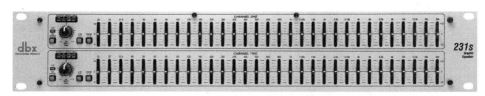

图11-2　dbx 231s图示均衡器

参数均衡器（Parametric Equalizer）通常提供5个频段，但是每个频段的所有参数都可以调节，使用更加方便灵活。参数均衡器既可以提升某些频段来美化声音，也可以衰减某些频段以减少不必要的声音。图11-3所示为Great River MAQ-2NV 5段参数均衡器。

图11-3　Great River MAQ-2NV 参数均衡器

参数均衡器具有5种常见类型。

峰值均衡（Peaking/Peak & Dip/Bell）：对中心频率附近的频率进行提升或衰减。

低频搁架均衡/高频搁架均衡（Low Shelving/High Shelving）：对中心频率以下/以上的频率进行提升或衰减。

低切（高通）滤波器/高切（低通）滤波器（Low Cut or High Pass/High Cut or Low Pass Filter）：禁止中心频率以下/以上的频率通过。

参数均衡器中每个频段包括以下参数。

中心频率（Frequency）：指定要处理的频率。

增益（Gain）：提升或衰减指定频率的声音，滤波器不包含此参数。

宽度（Width，或Q值）：被处理频率的宽度，Q越大，处理频率宽度越窄。

大部分调音台均会提供各种形式的均衡器，例如大型调音台会提供4段全参数均衡器，而小型调音台则受体积及价位限制，可能仅仅提供3段固定频率均衡器。

还有一类均衡器叫作动态均衡器（Dynamic EQ）。这种均衡器以参数均衡器为基础，可根据某个频率的幅度变化，对该频率动态地提升或者衰减。动态均衡在需要降低某些不需要的频段时非常有用，仅当该频段幅度超过一定数值后再进行衰减，而不会影响正常的声音。图11-4所示的Weiss EQ1-DYN参数均衡器，可以对7个频段中的4段进行动态的增益控制。

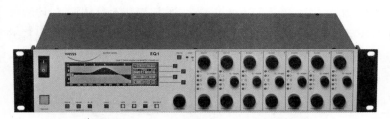

图 11-4　Weiss EQ1-DYN参数均衡器

第二节　动态处理器

动态处理器能够改变声音的动态范围，常见的动态处理器包括压缩/限幅器及扩展/门限器。

一、压缩/限幅器

压缩/限幅器（Compressor/Limiter），简称压限器，能够将音量较大的部分按一定比例进行衰减，从而压缩一段信号的动态范围，减小了最响与最轻之间的音量差别。压限器使用得适当，可以使一段声音的音量听上去前后一致。但是注意，音量比较轻的部分可能包括一些底噪，所以一定要掌握好压缩的程度，不要过度压缩导致底噪的出现。图11-5所示为Universal Audio 1176LN压限器，其反应速度很快，非常适合人声、鼓组及吉他等乐器的动态处理。

图11-5　Universal Audio 1176LN压限器

压限器包含以下5个基本参数。

阈值（Threshold）：决定开始进行增益衰减时的输入电平。高于阈值的声音幅度变化将被衰减。

压缩比（Ratio）：当输入电平高于阈值后，由于增益衰减导致的输入电平与输出电平的幅度变化比。例如2∶1压缩，表示输入电平高于阈值2 dB，输出电平只高于阈值1 dB。增益衰减可以从动态处理器的增益衰减表（Gain Reduction）来显示。当压缩比超过一定数值，例如50∶1时，输出电平已经几乎保持为一个数值而不会发生变化，此时压缩器就变成了限幅器。

启动时间（Attack Time）：当输入电平高于阈值后达到设置好的压缩比的时间。

释放时间（Release Time）：当输入电平低于阈值后，压限器恢复原始音量的时间。

增益补偿（Gain Make Up）：由于增益衰减会引起听感上的音量变轻，通过增益补偿，可以将压缩后的音量恢复到压缩前的水平。

根据压限器所使用的技术不同，其提供的参数也会不同。例如图11-6所示基于光耦（Optocoupler）进行压缩的Universal LA-2A压限器并没有提供启动时间及释放时间，这两个参数由光耦本身所决定，其启动时间约为10毫秒，而释放时间则分为两段变化（60毫秒恢复至50%，剩余50%则经过0.5秒至6秒恢复，具体数值由增益衰减的强度决定）。

图 11-6 Universal LA-2A 压限器

而图 11-7 所示的 GML 2030 立体声母带压缩器能够使用外部输入信号用于音量判断（External Key Input 或 Sidechain Input），还可根据立体声需要锁定两个通道的增益衰减或参数调整，同时能根据当前音频信号的波峰因数（Crest Factor）自动调整压缩的启动与释放时间，且具有 0.05 dB 的增益控制精度。

图 11-7 GML 2030 立体声母带压缩器

部分压限器可进行"多段压限"（Multiband Compressor/Limiter）。这种压限器将整个声音频率范围分成若干不同的频段，对每段使用不同的参数进行压缩，实现了更灵活的动态控制。图 11-8 所示的 TUBE-TECH SMC 2B 多段压缩器，即可将声音分成三个频段分别进行压缩。

图 11-8 TUBE-TECH SMC 2B 多段压缩器

由于压限器各个参数之间的关联非常强，而且每个人对动态变化的判断也存在差异，因此在使用压限器时，建议按照以下流程操作：

首先将压缩比、启动时间及释放时间设置到中间值，例如压缩比 2 : 1 或

3 : 1，启动时间和释放时间设置到旋钮的中间方向，然后将压限器的电平表切换到增益衰减模式，调整阈值直到增益衰减表显示 4 dB 至 6 dB 的增益衰减，同时注意音量较低的部分不要被压缩，即增益衰减表在低电平部分基本不动。

其次，调整压缩比、启动时间和释放时间。如果觉得开始压缩的电平合适，但是需要更多的压缩，可以增加压缩比；如果需要压缩音头，则需要快速的启动时间和释放时间；如果需要更结实的声音，则需要慢速的启动时间和释放时间。完成以上调整后，有可能需要重新调整阈值。

最后，使用增益补偿将压缩产生的音量减轻恢复到压缩前的水平，通过切换压限器或调音台的旁通（Bypass）开关进行音量判断。注意：只有在主观音量保持不变的情况下才可以判断动态变化。压限前后如果音量发生变化，这本身就是一个动态变化的过程。因此判断由压限器引起的动态变化时，首先要求人耳听到的主观音量一致，才可以进行判断。

二、扩展/门限器

扩展/门限器（Expander/Gate）与压缩/限制器很接近，甚至具有同样的参数。但是压缩/限制器是将高于阈值的声音进行压缩，而扩展/门限器则是将低于阈值的声音进行压缩。音量较轻的部分被压缩后会变得更轻，动态范围变大了，因此叫作扩展。扩展/门限器用于减轻一个通道未演奏时，来自其他乐器的串音或本底噪声。图 11-9 为 Drawmer DS201 双通道扩展/门限器。

图 11-9　Drawmer DS201 双通道扩展/门限器

扩展/门限器参数与压缩/限制器很接近。例如低于阈值的声音幅度变化将被衰减。压缩比被范围（Range）参数代替，用于控制低于阈值的声音的衰减量。当衰减量超过一定数值后，低于阈值的声音完全被衰减掉，此时扩展器就成了门限器。启动时间和释放时间不变，但是增加了保持时间（Hold Time），方便完整的波形通过。由于扩展/门限器不会影响幅度高于阈值的声音，因此不会设置增益补偿参数。

大型录音/混音调音台及数字调音台都会提供动态处理部分。有些调音台还提供专为立体声总线使用的总线压缩器。

三、通道条

由于动态处理器及均衡器几乎成为音频处理中的必备效果器，因此一些厂商将动态处理器、均衡器及话筒放大器集成在一起，这种设备叫作通道条（Channel Strip）。图11-10所示的API The Channel Strip通道条就提供了512C话筒放大器、527压缩器、550A均衡器及325输出控制。

图 11-10　API The Channel Strip 通道条

第三节　空间类效果器

这类效果器包括延迟及混响等效果器。这些效果器会为人声、吉他或其他乐器增加空间感及活跃度。通常这类效果器会在最后混音时使用，但是在录音过程中也可以在监听通道中使用，这样可以使制作人、录音师及艺术家对最后混音结果有一定的判断。在录音时，如果在强吸声的录音棚中录制了干声，即不包含混响的声音，则可以在随后混音过程中添加这些效果器，使得听者感觉该声音在某个空间中。虽然这种方法无法替代真实空间的自然感觉，但是也能够给制作人和工程师提供灵活的空间设计。

一、延迟效果器

延迟（Delay）效果器的声音特点是断续、重复的声音。"山谷回音"就是一种自然界的延迟效果声音。延迟效果器的实现原理有两种：反馈延迟与多段延迟。

反馈延迟器（Feedback Delay）使用一个延迟单元。但是由于仅使用一个延迟单元，延迟的声音仅能产生一次。为了模拟多次延迟的"反复"效果，反馈延迟器将已经延迟过的声音再次送入延迟单元，即反馈过程，使得延迟后的声音再次被延迟，如此循环得到反复的延迟效果。图11-11所示为Lexicon PCM42延迟效果器。

图 11-11　Lexicon PCM42 延迟效果器

反馈延迟器具有以下两个基本参数。

延迟时间（Delay Time）：决定每次延迟之间的时间间隔。

反馈强度（Feedback）：决定延迟的次数。

有些反馈延迟器也内置了均衡器，可以调整反馈声音的高频比例，来模拟声音在空气中传播的高频衰减。

多段延迟器（Multi-tap Delay）使用多个独立的延迟单元，因此延迟的次数有限。但也正是因为延迟单元互相独立，因此每段延迟的延迟时间都可以独立调整。多段延迟器适合作为声音琶音器使用，只需将延迟时间与歌曲的速度同步，然后按照一定的节奏型设置不同段的延迟时间即可。图 11-12 所示为 TC Electronic D-Two 多段延迟效果器。

图 11-12　TC Electronic D-Two 多段延迟效果器

早期延迟效果器使用磁带作为媒体，配合多个磁头实现多段延迟，例如图 11-13 所示 Roland RE-201，使用循环磁带通过不断地录音及放音来实现延迟效果（图 11-14）。这些延迟效果器往往具有独特的音色特征，仍然被广泛使用。

图 11-13　Roland RE-201 模拟延迟效果器

图 11-14　Roland RE-201 模拟延迟效果器的循环磁带和磁头

二、混响效果器

混响效果器（Reverberation，简称Reverb）的声音特点是连续的、慢慢衰减。在音乐厅中拍一下手就可以感觉到慢慢衰减的拖尾声音，这就是混响声。混响声是由于声音在密闭的空间中经过多次的、复杂的反射，使不同的反射声产生了相位差别和音色差别。这些反射声混合在一起就形成了混响声。图11-15为Bricasti Design M7混响效果器。

图11-15　Bricasti Design M7混响效果器

混响效果器可以模拟多种房间及设备类型，例如大厅（Hall）、房间（Room）、平板（Plate）、弹簧（Spring）以及非线性（Non-Linear）混响等。

混响效果器提供两类参数进行调整。

空间类参数：用于决定空间及空间特性的参数，这些参数都与时间有关，例如混响时间（Reverb Time）、房间大小（Room Size）、预延迟（Pre Delay）。通过这些参数的调整可以模拟出不同面积、不同体积的房间，来改变声音拖尾的长短。

音色调整类参数：用于决定混响声音特性的参数，这些参数与均衡器类似，例如高频/低频切除（High/Low Cutoff）、高频/低频吸收（High/Low Damping）等。

早期混响效果器则是通过各种物理手段来实现，例如使用混响室（图11-16）、金属平板（图11-17）及弹簧（图11-18）等。这些物理混响的声

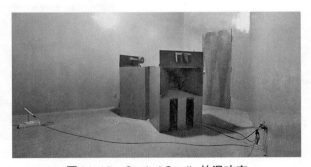

图11-16　Capitol Studio的混响室

图 11-17　EMT 140平板混响　　　图 11-18　AKG BX20弹簧混响

音具有其独有的特征，已经被一些厂商制作为效果器插件，可以方便地在DAW软件中使用。

第四节　调 制 效 果 器

调制效果器（Modulation）是在标准效果器的基础上，使用低频振荡器（Low Frequency Oscillator，简称LFO）控制效果器中一个或多个参数。如果一个效果器里面提供调制速度（Rate）及调制深度（Depth）的参数，该效果器就具备一定的调制功能。

根据LFO控制的参数不同，调制效果器可以分为以下类别。

周期性控制音量：震音（Tremolo）；

周期性控制左右声像：自动声像（Auto Pan）；

周期性控制滤波器：自动哇音（Auto Wah）；

周期性控制时间/音高：加倍（Doubler）、合唱（Chorus）、镶边（Flanger）、移相（Phasor）。

我们在这里主要介绍一下周期性控制时间/音高的效果器。这些效果器都会使声音变厚变宽，同时也使音色产生了细微的周期性变化。

一、加倍效果器

加倍效果器（Doubler）通过将声音延迟一个微小的时间差（通常10 ms

左右）来模拟加倍录音的效果。为了模拟加倍录音时产生的音高和时间差别，加倍效果器使用LFO周期性地控制这个微小的时间差，因此得到了自然的加倍效果。

二、合唱效果器

合唱效果器（Chorus）是在加倍效果器的基础上增加了反馈，使得加倍效果器生成的信号再次产生加倍效果，来模拟多个人合唱的效果。

三、镶边效果器

镶边效果器（Flanger）与合唱效果器原理基本一致，但是镶边效果器的延迟时间更短（5 ms或更短），反馈强度更强，产生了较明显的梳状滤波效果。

四、移相效果器

移相效果器（Phaser）通过使用全通滤波器（All-pass Filter）来改变各个频率之间的相位，然后过滤后的信号与原始信号混合，从而产生不同频率的抵消与加强。通过LFO周期性地改变全通滤波器的截止频率，即产生移相效果。

调制效果器经常用于电钢琴及电吉他等电声乐器。在录音棚里，这些效果往往包含在综合效果器中。例如图11-19所示的SONY DPS-M7综合效果器，提供了多达15种不同的调制效果器。

图11-19　SONY DPS-M7综合效果器

早期的加倍及合唱效果也是通过磁带来实现的。例如英国Abbey Road录音棚在为Beatles乐队录音时发明了ADT（Artificial Double Tracking，人工加倍录音），其原理是使用一台EMI BTR 2录音机的录音磁头和放音磁头同时播放磁带。录音磁头的输出信号送至另一台EMI BTR 2录音机进行录音并回放。这台录音机的磁带速度由Levell TG-150m振荡器进行控制（图11-20）。当录音师改变振荡器的频率时，磁带播放的速度也发生改变，使两台录音机回放信号的时间差可以在8～12 ms之间连续变化。

图 11-20　EMI BTR 2 录音机与 Levell TG-150m 振荡器

第五节　数字效果器与软件效果器

前面所述的效果器基本都可以使用模拟手段来实现。随着计算机及数字音频技术的发展，越来越多的效果器都采用了数字手段进行声音的处理。数字效果器不仅可以完全重现模拟效果器的信号处理方法，同时也产生了很多新的效果器处理方法，这些效果器处理方法在模拟时代难以或无法实现。数字效果器也可以实现多通道、多种效果器的同时处理，部分数字效果器还允许用户自行设计效果器算法。例如图 11-21 所示 Eventide H9000 数字综合效

图 11-21　Eventide H9000 数字综合效果器

果器，提供了16个DSP引擎，可同时进行最多32通道的效果处理。效果处理算法多达97类1 600种，不同算法可以相互并联及串联，形成效果器处理链。Eventide也提供VSig软件，允许用户自行设计效果器算法。

软件效果器，也称插件效果器（Plugins），则是将效果器的算法编写成计算机软件，并运行于计算机的DAW软件中。运算既可以使用CPU进行，也可以使用专用的DSP卡来进行。软件效果器同样可以模拟硬件周边效果器的界面及处理特性，也可以使用独特的算法。当然，软件效果器相对于周边效果器的最大优点就是使用方便。

首先，软件效果器使用的数量通常仅受限于CPU或DSP卡的处理能力，而这些限制都可以通过升级相应硬件来提升。在一个工程中使用几十个甚至上百个软件效果器是很容易的事情。而对于周边效果器来说，由于这些都是真实的硬件，所谓升级处理能力往往就是购买更多数量的硬件。例如需要对8个通道进行均衡处理，就需要使用8台均衡效果器。一个大型录音棚拥有100个甚至更多的周边效果器是很常见的事情，但是在可用数量上仍然无法与软件效果器相比。

其次，软件效果器所有的参数可以由DAW软件的工程文件保存。再次打开工程文件时，所有的参数会自动恢复。而周边效果器，尤其是模拟周边效果器，保存参数只能通过用纸笔记录或拍照片等方法解决。

最后，软件效果器在DAW中可以进行自动化控制，即录音师对软件效果器参数的实时调整可以被DAW软件记录，并在工程回放时准确地重现。该功能为软件效果器提供了更多的创造性使用方法。而能够进行自动化处理的周边效果器很少，尤其是传统的模拟周边效果器，改变参数时只能靠"手动"调整，调整的精度及准确度对录音师的要求非常高。

最著名的软件效果器厂商是Waves系列插件及Universal Audio UAD系列插件。

Waves开发了众多新颖高效的效果处理算法及方法，并与多位格莱美获奖录音师合作开发了"签名"系列插件，在DAW软件中实现了这些录音师在工作中所使用的效果器及其调整参数。

Universal Audio的UAD系列插件则致力于复刻各种经典录音棚及效果器的软件版本，其中不乏AMS Neve、SSL、Manley、Lexicon及Pultec等被广泛用于众多录音棚中的品牌，甚至还包括对Ocean Way Studios和Capitol

Studios的房间进行了建模。UAD系列软件效果器使用DSP进行计算，对计算机CPU的占用率很小，同时也可用于Universal Audio自家的Apollo系列声卡上，在录音的过程中直接使用。

第六节　周边效果器的连接方式

周边效果器根据其与调音台的连接方式可以分为插入效果器与发送效果器两种。

插入效果器（Insert Effect）应用于输入通道的信号流程中，可以将原始信号完全进行改变。各个通道的插入效果器也完全独立，每个通道都可以使用不同的效果器，适合均衡器及动态处理器。如果需要将效果器作为插入效果器使用时，首先将其连接至调音台相应通道的Insert Send及Insert Return接口，然后打开相应通道的Insert开关即可。这些接口可能在调音台背面，或者在录音棚的跳线盘上。关于跳线盘的内容详见第十二章第三节。

发送效果器（Send Effect）则利用调音台通道的辅助发送（Aux Sends），将不同通道的信号混合后送给一个效果器进行处理，处理完毕后通过调音台上其他的通道返回。使用发送效果器不会影响每个通道的原始信号。一个发送效果器可以给多个轨道同时添加效果，且通过调整辅助发送量，每个轨道可以实现不同比例的效果发送，适合混响及延迟等效果。

发送效果器在使用时有两个注意事项：

第一，发送效果器的干声/效果声比例（Dry/Wet MIX）一定要设置为100%效果。否则干声会从效果器输出，影响实际听到的效果声比例。

第二，发送效果器的输出返回调音台的通道要进行独奏隔离（Solo Isolation），防止使用发送效果器的通道独奏后，效果器返回通道被哑音而听不到效果的现象出现。

在DAW软件中软件效果器的使用也是如此。例如在Avid Pro Tools软件中，调音台界面为每个通道提供10个用于插入效果器的位置（Inserts A ～ Inserts J）及10个辅助发送位置（Sends A ～ Sends J）。同时，Pro Tools提供了对音频片段直接使用效果器处理的功能：Audio Suite。使用Audio Suite可以实现变速及时间拉伸等常规效果器无法实现的效果。

第十二章
设备连接

第一节　音　频　线

音频线用于不同的音频设备之间的信号连接。虽然其单根价格相对于常规设备来说微不足道，但是随着设备的数量及通道的增加，整套音频系统所使用音频线的价格很可能会达到一个令人惊讶的数值。

音频线的质量对音质的影响也很大，音频线的问题会导致交流声、爆音、底噪甚至无声的情况发生。而完整的音频系统也会因为某一条音频线出现故障而无法正常工作。因此，请不要在音频线上省钱。

一根完整的音频线包括线缆及两端的插头。插头我们已经在本书第一部分第三章第三节中介绍过，因此这里重点介绍线缆。

一、线缆

一根金属导体就可以导电，并传送音频信号。为了保护金属导体本身，防止不同的金属导体之间意外的连接，同时也为了防止使用者意外接触到金属导体，线缆还包括绝缘层及屏蔽层等部分。图12-1所示为一根2芯屏蔽线的结构。

图中用于传输电流的部分叫作导体（Conductor），其材质多为铜质。导体本身具有电阻，会阻碍电流的流动。通过增大导体横截面积或多芯绞合可以减小电阻。

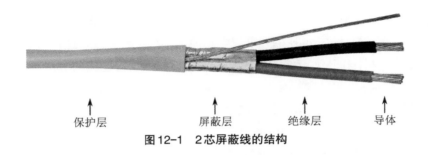

保护层　　　　　　　屏蔽层　　　绝缘层　　　导体

图12-1　2芯屏蔽线的结构

导体外为塑料绝缘层（Insulation），用于保护导体本身，同时起到绝缘的作用，防止多根导体之间发生短路现象。

绝缘层外为金属箔或网状编织的屏蔽层（Shield），用于防止电流通过导体时所辐射的电磁场干扰外部设备，也同样防止外部电磁场干扰到导体本身。屏蔽层需要与设备的一个固定电压点连接，通常连接至电路地线。

线缆的最外层为保护层（Jacket），用于保护线缆，同时也能防止使用者接触线缆内部而触电。

如果我们仔细看一下线缆的结构，就会发现其结构类似于我们在前面章节所讨论的一些电子元件。首先，导体本身存在电阻，一定长度的导体即可视为串联在一起的一系列电阻。这种电阻叫作分布电阻。其次，线缆之内往往有不止一根导体，因此导体与导体之间需要不导电的绝缘层。此时的两根导体与中间的绝缘层就形成了电容。这些电容并联在两根导体之间。这种电容叫作分布电容。分布电阻及分布电容形成了低通滤波器，导致高频信号被衰减。线缆越长，高频衰减越明显。因此，请尽量避免使用过长的线缆。对于长距离的音频信号传输，请将其转换为数字音频或网络音频，再使用光纤或网线进行传输。

用于连接无源音箱及电源的线缆结构与音频线有所区别。由于这种线缆内需要传输高电压大电流信号，因此导体的直径明显比音频线的导体粗。音箱线及电源线也不带屏蔽层，这是因为线缆以外的电磁场辐射通常不足以让音箱直接发出声音。同时，为了防止线缆产生过高的分布电感，音箱线与电源线中的导体不需要互相绞合在一起，而是以互相平行的方式排布。因此，请不要将无源音箱及电源的线缆与音频线缆混淆使用。

二、平衡与非平衡

在一根线缆中只需要使用两根导体就可以传输音频信号的电压变化：其

中一根导体为屏蔽层，连接到设备的电路地，即电压的参考点；另一根导体用于传输电压的变化，电压的幅度以电路地为标准进行测量。这种一根导体+屏蔽层的线叫作1芯屏蔽线。使用1芯屏蔽线进行设备连接的方法叫作非平衡（Unbalanced）连接或单端（Single-ended）连接。非平衡连接线路简单，但是其抗干扰能力差，这是由于音频线所接收到的电磁干扰会进入随后的音频处理中。

　　为了解决这个问题，专业设备都使用平衡（Balanced）连接。平衡连接使用2芯屏蔽线，这种线包含两根导体及一圈屏蔽层。在两根导体中，音频信号以幅度及变化一致、但是极性相反的形式传输，这种信号称为差分信号（Differential Signaling）。接收该信号的设备使用两个输入端，但是输入极性相反的差分放大器（Differential Amplifier）对信号进行放大，这样音频信号及干扰信号就会得到截然不同的结果，如图12-2所示：对于音频信号，由于其在两根导体内的幅度相同但是极性相反，经过差分放大器放大后极性变为相同，叠加后幅度得到增加；对于干扰的信号，由于其在两根导体内的幅度及极性均相同，经过差分放大器放大后极性变为相反，叠加后被抵消。因此，平衡连接具有较好的抗干扰能力。

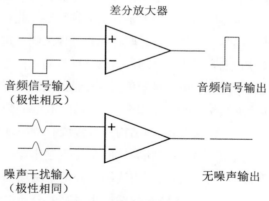

图12-2　差分信号的放大

　　2芯屏蔽线既可以传输单通道平衡信号，也可以传输双通道非平衡信号，因此请在连接时确认。对于卡侬头（XLR），厂商均会严格使用平衡连接。但是对于部分用于自制设备，请确认卡侬头是否为平衡信号。对于大三芯插头（包括6.3 mm大三芯夹克头及3.5 mm小三芯迷你夹克头），如果仅仅用于传输1路信号，该信号为平衡信号；如果一个插头传输2路信号，该信号为非平衡信号。例如常见的耳机插头，使用大三芯或小三芯，但是传输左、右两个通道，因此该信号为非平衡信号。

三、多芯线缆

多芯线缆（Multicore Cable）是一种在一圈屏蔽层中集合多根相互独立音频线的线缆。例如在8芯平衡多芯线缆中，有8根独立的2芯屏蔽线用于传输信号。使用多芯线缆可以提升线缆的通道密度，因此被广泛用于以调音台为核心的设备连接中。

多芯线缆的接头也会使用密度相对较高的接口。8芯平衡多芯线缆主要采用DB25接口。这种接口分为上、下两排针脚，针脚数量分别为13针与12针，针脚之间水平间距为2.3 mm，垂直间距为2.0 mm。图12-3所示为Avid HD I/O 16通道音频接口的背板，其中左侧及中间区域的扁平的接口就是DB25接口。

图12-3　Avid HD I/O 16通道音频接口的背板

四、不同接口之间的转换及连接

到此为止，我们已经提到了接口之间连接所需的相关知识，现在来总结一下两个接口能够正常连接的必要条件。

条件1：物理接口形式要一致，即接口形状一致，信号线数量一致；

条件2：信号电平及标准工作电平要一致，+4 dBu线路电平对应+4 dBu线路电平；

条件3：阻抗要匹配，输入阻抗为输出阻抗的10倍以上。

只有两个设备的接口及音频线同时满足以上3个条件时才能进行直接连

接。例如话筒输出使用卡侬口，话放输入也使用卡侬口，两个设备之间使用卡侬线进行连接。

如果不能满足条件1，但是能满足条件2和条件3，则可以使用"转接线"连接设备。在录音棚中以下情况比较常见：DB25与卡侬头（图12-4）、大三芯平衡与卡侬、大三芯耳机与小三芯耳机。除此以外的大部分情况都不能使用转接线直接连接两个设备，否则不仅会影响音频信号的传输，甚至可能还会损坏设备。

不能满足条件1和条件2的情况比较常见，主要在民用设备与专业设备之间进行连接时发生。一个很常见的例子就是设法将3.5 mm耳机输出接口连接至调音台的卡侬输入接口。我们现在逐一分析将其直接连接时所产生的问题。

首先，我们的确可以直接买到所谓的3.5 mm转卡侬公线，而且这种线的用途又被叫作"3.5手机电脑连接调音台"，如图12-5所示。

图12-4　DB25转卡侬公线缆

图12-5　3.5 mm转卡侬公线

3.5 mm小三芯的确能够传输平衡信号，但是目前主要应用在高质量耳放的耳机输出。为了传输两个通道，这种设备会提供2个3.5 mm小三芯输出口，且写明"BALANCED"，例如图12-6所示的SONY PHA-3耳机放大器。

大多数的笔记本电脑及手机所提供的3.5 mm小三芯输出口都可以提供左、右两个通道，因此3.5 mm小三芯输出口所输出的信号是两通道非平衡信号。此时条件1无法满足。

图12-6　SONY PHA-3耳机放大器

提供3.5 mm小三芯输出口的

设备往往是民用设备。典型民用设备的标准工作电平为-10 dBV，最高输出电平为 0 dBV。而调音台作为专业设备，其标准工作电平为+4 dBu，最高输入电平为+24 dBu。我们将民用设备的 dBV 转换成 dBu 以后就可以开始比较其电平差别了。典型民用设备的标准工作电平约为-8 dBu，最高输出电平约为 +2 dBu。这就意味着 3.5 mm 小三芯输出口的最大电平还没有达到专业设备的标准工作电平。此时条件 2 无法满足。

如果我们使用 3.5 mm 转卡侬公线强行连接笔记本电脑及调音台，则会发生以下情况。

由于电平不匹配，来自 3.5 mm 小三芯的信号送入调音台后就会显得电平非常低，音量非常小，需要额外的增益提升。如果匹配标准工作电平，则需要 12 dB 的增益；如果匹配最大输入电平，则需要 22 dB 的增益。这么大的增益意味着 3.5 mm 小三芯信号中的底噪也被放大了 22 dB。这个放大的底噪将导致整个音频系统的动态范围减小。

由于 3.5 mm 小三芯输出口输出的是两通道非平衡信号，卡侬口输入的是单通道平衡信号，因此 3.5 mm 小三芯输出的信号会进入调音台的差分放大器中被放大。此时其中一个通道的极性将被反转，并与另一个通道合并后输出，最终导致听到的信号是左、右两个通道的差信号。这个过程会使位于立体声声场中间的声音抵消，实际听感是人声、底鼓、军鼓和贝司等声音消失，整个声音听上去很空虚。

此时仍然还有一个隐含问题：由于调音台的卡侬口原本用于连接话筒，因此卡侬口会提供幻象电源输出。幻象电源会以电路地为 0 V 参考点，向卡侬线 2 芯导体中的每一根导体提供 48 V 的电压。幻象电源如果进入调音台的差分放大器，由于其极性相同，在输出时被抵消，因此调音台并不会看到这个电压，这也是为什么 48 V 叫作幻象的原因。但是对于 3.5 mm 小三芯，2 芯导体分别是左声道和右声道。所以当调音台一侧打开幻象电源时，调音台就会给笔记本电脑 3.5 mm 输出接口的每个通道提供 48 V 的电压。由此可能会导致笔记本电脑内置声卡相关电路的损坏。

可能有人会说，我们可以用 3.5 mm 转两卡侬公线。这种更神奇的线的确存在，如图 12-7 所示，而且带来的问题会更多。

如果这种线只是将 3.5 mm 转卡侬公线的卡侬头并联焊接出来，则刚才讨论的所有问题仍然存在，而且此时 3.5 mm 小三芯直接连接 2 个卡侬口输

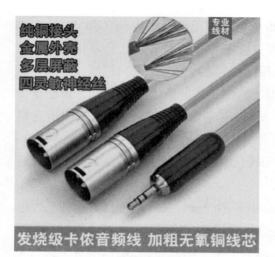

图12-7　3.5 mm转两卡侬公线

入，导致输入阻抗并联后减半，此时阻抗不一定能保证是输出阻抗10倍以上，而同一路信号会平均分配到两个输入口，每个输入口得到的电平会低6 dB，导致信号电平的进一步降低和底噪增大，减小了整套音频系统的动态范围。

如果这种线将左、右两个通道分别接到两个卡侬口，虽然解决了听感的问题，但是此时的卡侬口是"非平衡"的。如果调音台打开幻象电源，则这个48 V会送到笔记本电脑的3.5 mm输出口，由于调音台差分放大器的一端被电路地短路，使得48 V仅仅施加到差分放大器的另一端，差分放大器会输出这个48 V，结果可能会导致调音台的损坏。

由此可以看出，所谓的3.5 mm转卡侬公线会导致系统动态范围减小，声音听感不正常，甚至还损坏设备。

综上所述，如果不能确保两个设备是否能直接连接，请使用相应的设备将物理接口、信号电平及阻抗进行转换。对于连接电吉他，请使用针对电吉他设计的DI Box（图12-8）；对于键盘类乐器，请使用针对键盘类乐器设计的DI Box（图12-9）；对于笔记本电脑，请使用带平衡输出的外置声卡接口；对于手机等设备，请使用专门为3.5 mm耳机输出所设计的DI Box（图12-10）。

正确地使用DI Box不仅可以正确地进行设备连接，也能保证设备的安全，同时设备也在合适的范围内工作，最后还能解决下一节我们讨论的"接地环路"问题。

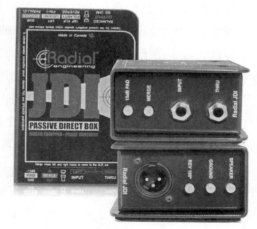

图12-8　Radial JDI吉他用DI Box

图12-9　Radial Pro D2键盘用DI Box　　图12-10　Radial SB-5 3.5mm接口用DI Box

第二节　接地环路

多个音频设备连接时，如果地线存在电压差，那么在设备的地线之间会有电流通过，从而产生噪声干扰。这个现象就是接地环路（Ground Loop）。了解接地环路前我们需要了解一下地线这个已经提到过的名词。

地线（Ground）是电路中参考电压为0 V的点。我们之前提到一些电压数值，例如标准工作电平+4 dBu=1.23 V，这个电压就是相对于地线而测量出的电压。在音响设备中，实际上存在3个地。

电路地（Circuit Ground）：这个地为音频信号的电压提供0 V参考点；

机箱地（Chassis Ground）：这个地是设备机箱用于屏蔽外界电磁干扰的地。为保证机箱在一个统一电压上，机箱地通常与电路地相连；

真实地（Earth Ground）：这个地是电源插座上提供的地线。由于电路地仅仅提供了0 V参考点，所以不同设备之间的0 V可能会存在电压差别。一个典型的情况就是用手触摸设备机箱时，偶尔会有"麻麻"的感觉。这是因为该设备的0 V与人的0 V之间存在电压差别，"麻麻"的感觉是电流通过手指时产生的现象。为了解决这个问题，设备的机箱地会通过电源线连接到真实地，以防止触电情况发生。

对于一个设备，这三个地往往连在一起。而如果两个或多个设备进行连接，这些设备的真实地由供电系统连接在了一起，这样所有设备的三个地都连接到一起了。

现在看上去好像没有什么问题，但是不要忘记导线也是具有内阻的，这就意味着不同设备的地线连接在一起，也并不能保证所有设备的地线是同一个电压。尤其是两个设备所使用的电源插座距离较远时，这两个电源插座的地线很可能已经存在一定的电压差了。这时，在所有的设备的地线之间就会有电流通过。

　　如果设备之间使用平衡线连接，则音频信号会通过2芯屏蔽线的两根导体以差分信号形式传输，地线中的电流不会引发什么问题。但是如果设备之间使用非平衡线连接，地线会参与到音频信号连接中，此时地线中的电流就会与音频信号混合，从而产生诸如"交流声"等噪声，如图12-11所示。

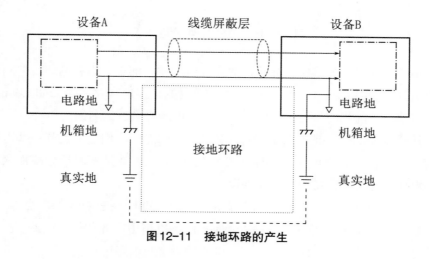

图12-11　接地环路的产生

为了解决接地环路，可以采用以下方法：

1. 使用平衡连接

平衡连接中，地线不参与音频信号的传输，因此即使产生了接地环路，也不会串入音频信号中。

2. 使用隔离变压器

　　音频信号是交流信号，因此可以在两个设备之间使用隔离变压器来切断接地环路。隔离变压器是1∶1的音频变压器，这种变压器可以让音频信号经过，同时不会改变其幅度，但变压器的两端并不直接连接，因此可以切断接地环路。大型录音调音台或话筒分配器的接口通常会配备变压器进行隔离，这类接口会标有"变压器"（Transformer）等字样。例如图12-12所示的Klark Teknik DN1248话筒分配器，其OUT 1与OUT 2都标记有"Transformer"字样。大部分DI Box也会内置隔离变压器。

图12-12　Klark Teknik DN1248话筒分配器

3.使用地线隔离功能

一些设备或DI Box提供了地线隔离（Ground Lift/Isolation）功能。该功能通过切断设备的电路地与机箱地来解决接地环路问题。例如图12-13所示的Manley VOXBOX在背板提供了地线隔离功能（左下方GROUND部分）。大多数情况下"CIRCUIT（电路地）"和"CHASSIS（机箱地）"使用导线连接在一起。发生接地环路后，可将这根导线拆除，此时电路地与机箱地断开。

图12-13　Manley VOXBOX背板

4.使用单侧屏蔽层接地的线缆

通常情况下，线缆的屏蔽层会同时连接至线缆两端插头的地线。而单侧屏蔽层接地的线缆则断开某一端的屏蔽层与地线的连接。这时设备之间音频线不会将两个设备的电路地连接在一起，因此解决了接地环路的问题，如图

12-14所示。但是此时要求所有设备必须接地，以防止触电的发生。这种单侧屏蔽层接地的方法叫作"Telescoping Shield"。

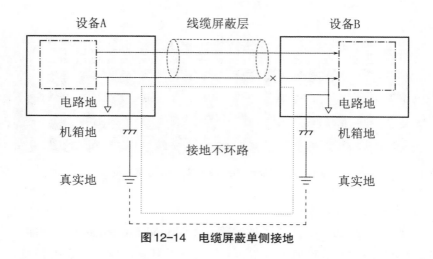

图12-14　电缆屏蔽单侧接地

　　接地环路不仅会发生在音频设备中，也会发生在计算机等其他多个设备相互连接的情况中。这就是我们在第一部分第二章第二节中强调自供电设备连接顺序的原因。例如对于带有电源供电的外置声卡与计算机进行连接时，如果两个设备的电源线已经连接，尽管此时设备并没有打开电源开关，但是两个设备的地线电压差已经开始存在了。此时连接USB或者雷电线，两个设备的地线电压差就会在USB或雷电接口形成电流，由此可能会导致接口或设备损坏。

　　在这里我们再次强调：做设备连接时，任何设备都不要连接任何电源线。请先连接信号线，检查无误后，再连接电源线，最后按顺序（周边、调音台、音箱）依次打开各个设备电源。

第三节　跳　线　盘

　　录音棚中所有设备的连接方法都由其功能决定。但是为了应对不同的录音情况，部分设备可能需要使用不同的连接方法。例如为了使用铝带话筒，而需要使用专为铝带话筒所设计的话放，此时调音台上的话放就不需要使用了。当然我们可以直接通过改变现有的线路连接来实现，但是这时会破坏原有的连接。为了让录音棚中不同的设备可以在不同的场合下连接，我们需要在一些特定的位置安装一个方便改变设备连接的设备。这个设备就是跳线盘（Patchbay）。

跳线盘的用途是改变整套录音系统的连接方法，因此当跳线盘上不连接任何跳线时，整套录音系统仍然可以正常工作。只不过此时的连接会按照默认的连接方法进行连接。例如当话筒连接到录音棚接口面板的10号接口，话筒的信号就会送至调音台10通道进行处理，最后送至录音机10通道录音。但是如果现在想使用人声隔声室的1号接口连接话筒，但是仍然使用调音台10通道，这种情况下就需要跳线盘了。典型的跳线盘如图12-15所示。

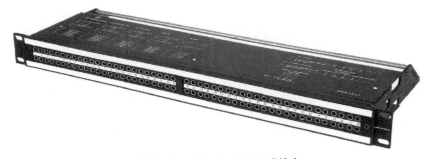

图12-15　Neutrik NPPA跳线盘

该跳线盘使用TT（Tiny Telephone）插头，其插头体积小巧，在有限空间内提供了较高的通道数量。同时，TT插头为多次插拔进行优化，因此是跳线盘的优选插头。有些跳线盘为了提供较好的兼容性，采用标准的大三芯或卡侬头进行连接。这些跳线盘的通道数量有限，且大三芯或卡侬头并未对多次插拔进行优化，因此在使用这些跳线盘时请确认无接触不良情况发生。

跳线盘和调音台类似，每一列为一个通道。每个通道有4个插口：前上、前下、后上、后下。后上、后下接口在跳线盘安装时进行固定连接；前上、前下接口按需要用于录音师使用跳线（Patch Cable）时进行连接。

当跳线盘没有插任何跳线时，送至跳线盘某个通道的信号会从后上插口输入，随后直接从后下插口输出。

当跳线盘上插有跳线时，其信号就会被重新分配。根据信号分配的方法可以分为环通（Normal）与半环通（Half Normal）两种。其信号流程如图12-16所示。

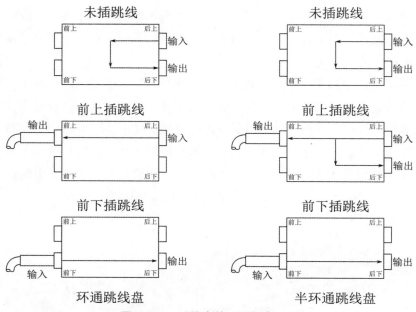

图 12-16　跳线盘的环通与半环通

对于环通跳线盘，当前上或前下插口有跳线插入时，跳线盘内部后上至后下插口的连接就会被断开。对于半环通跳线盘，当前上插口有跳线插入时，跳线盘内部后上至后下插口的连接不会断开；当前下插口有跳线插入时，跳线盘内部后上至后下插口的连接才会被断开。半环通跳线盘可以将一路信号分成两路，分别从跳线及跳线盘后下插口输出。但是请注意，此时真实的输入阻抗等于两个设备输入阻抗的并联结果，请确保并联后的输入阻抗仍然满足输出阻抗的10倍以上。

根据调音台及录音棚的配置，跳线盘的数量及配置往往也会不同。典型的跳线盘排列如图12-17所示。

A行是来自录音棚墙面接口面板的信号，该信号默认送至B行调音台话筒输入。

C行是来自多轨录音机输出的信号，该信号默认送至D行调音台线路输入。

E行是来自调音台输入通道插入效果器输出的信号，该信号默认送至F行插入效果器输入。

G行是来自调音台单声道总线的信号，该信号默认送至H行多轨录音机的输入。

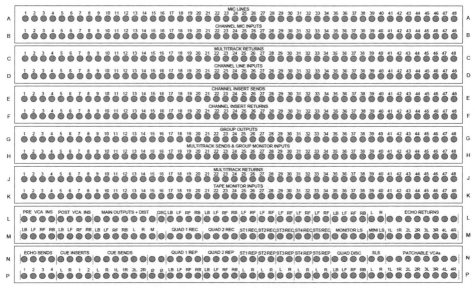

图12-17　典型录音棚跳线盘

J行是来自多轨录音机输出的信号，该信号默认送至K行调音台监听输入。

L 行～P行是调音台各种输出接口至两轨录音机、监听音箱及返听耳机的跳线。

第四节　数字音频连接与网络音频连接

由于数字音频已经广泛在音频系统中应用，因此数字音频也可以用于设备的连接及音频信号的传输。由于数字信号在幅度上以有限的状态传输，例如以二进制传输的数字信号仅有0和1两个状态，因此与模拟信号相比，数字信号在传输过程中损失较小，抗干扰能力较好。

传输数字音频时，需要对其使用一定方式的编码来适应传输的线缆。这就意味着传输数字音频时无法仅仅使用"转接线"来转换不同格式的数字音频信号。如果连接的设备使用了不同格式的数字音频接口，在连接过程中必须使用额外的转换设备进行格式转换后再进行连接。部分声卡在说明书中提及该声卡可以使用"转接线"来连接不同格式的数字音频接口，但是请注意，这只是该声卡提供的一个功能，并不是所有声卡应该具备的功能。请仔细阅读说明书进行确认。

一、数字音频线

模拟音频线只需要传输人耳听觉的频率范围，即大约 20 kHz 的带宽。而数字音频线则需要 1.5 MHz 甚至更高的带宽，这时线缆的分布电阻、分布电容及分布电感等参数对于数字音频信号的影响就显得比较大了，因此数字音频线在结构和规格上都与模拟音频线不同。

1. 同轴线

同轴线（Coaxial Cable）包含一根导体及一圈屏蔽层。其导体、绝缘层、屏蔽层及保护层都以同一个轴为中心，由内向外层依次排列，这也是同轴一词的来源。同轴线的截面如图 12-18 所示。用于数字音频的同轴线为 RG-6 或 RG-59 标准，其阻抗为 75 Ω。

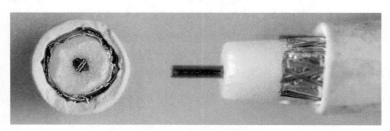

图 12-18　同轴线截面及结构

同轴线常用的插头有两种：RCA 与 BNC。RCA 插头（图 12-19 左）源于民用设备，因此其连接可靠性一般；BNC 插头（图 12-19 右）带有连接锁定装置，进行连接或断开时，需要旋转插头的外圈，因此连接可靠性较高。

图 12-19　RCA 插头与 BNC 插头

2. 屏蔽双绞线

屏蔽双绞线（Shielded Twisted Pair）包含两根导体及一个屏蔽层，其两根导体按一个固定的间距旋转并绞合在一起，即"双绞"，如图12-20所示。用于数字音频的屏蔽双绞线阻抗为110 Ω。屏蔽双绞线常用的插头为卡侬头。

图12-20　屏蔽双绞线

3. TOSLINK 光纤

TOSLINK光纤为音频专用光纤，使用峰值波长为650 nm的红光传送数字音频信号。其光纤材质为塑料，插头标准为JEITA RC-5720B方形插头（图12-21）。使用光纤时请注意不要弯折光纤，否则会产生损坏。由于TOSLINK光纤源于民用设备，因此其连接可靠性一般。

4. 多模光纤

多模光纤（Multi-mode Fiber）原为短距离通讯光纤。由于部分数字音频传输标准与光纤分布式数据接口（FDDI）类似，因此该光纤可用于数字音频传输。多模光纤使用SC插头（图12-22左）或LC插头（图12-22右），连接可靠性较高。

图12-21　TOSLINK光纤插头

图12-22　SC插头与LC插头

二、数字音频传输格式

数字音频传输格式是指对数据使用一定方式的编码进行传输。常见的编码格式以及所使用的数字音频线如下：

1. AES3（AES/EBU）

AES与EBU为世界两大音频及广播从业者合作组织。AES（Audio Engineering Society）为国际音频工程师协会，EBU（European Broadcasting Union）为欧洲广播联盟。这两个组织共同制定了用于传输数字音频的AES3标准，也称为AES/EBU标准。该标准同时被IEC（国际电工委员会）所采用，叫作IEC 60958 type I。该标准最高支持24-bit比特精度、192 kHz采样频率、2通道数字音频，使用卡侬口的屏蔽双绞线传输，最大传输距离可达100米。

对于多通道AES3音频也可以使用DB25作为接口。一个DB25接口可以提供4组输入与输出，即双向8通道。

AES3也可以使用BNC接口的75 Ω同轴线传输，最大传输距离可达1 000米。该标准称为AES3id。由于该线缆规格与视频系统线缆规格一致，因此在广电领域比较常见。

2. S/PDIF

S/PDIF（SONY/Philips Digital InterFace索尼/飞利浦数字接口）是AES3标准的民用版本，又称为IEC 60958 type II标准。该标准最高支持20-bit比特精度、48 kHz采样频率、2通道数字音频，使用RCA接口的75 Ω同轴线，最大传输距离10米。该标准也可使用TOSLINK光纤进行传输，最大传输距离为10米。

部分设备的S/PDIF接口可以支持24-bit比特精度及192 kHz采样频率。但是此时对线缆的要求比较高。

3. ADAT

ADAT为Alesis公司针对其8轨数字磁带录音机所设计的数字音频接口。现已广泛用于其他厂商的音频设备中。该标准最高支持24-bit比特精度、48 kHz采样频率、8通道数字音频，使用TOSLINK光纤进行传输，最大传输距离为10米。

对于一些较新的设备，ADAT也支持96 kHz及192 kHz的高采样频率，但是此时传输通道数量依次减半，即96 kHz采样频率4通道及192 kHz采样频率2通道。这种模式叫作S-MUX模式。

4. MADI

MADI（Multichannel Audio Digital Interface，多通道音频数字接口）又称AES10标准，其最新更新版本为2019年。该标准支持以下格式的数字音频：

32～48 kHz，±12.5%，56通道；

32～48 kHz，标准采样频率，64通道；

64～96 kHz，±12.5%，28通道；

64～96 kHz，标准采样频率，32通道；

所有格式下均支持24-bit。

MADI使用BNC接口的75 Ω同轴线传输，最大传输距离可达100米，或使用多模光纤传输，最大传输距离可达3 000米。

以上为常用的数字音频传输格式。如果需要在格式之间转换，需使用专门的转换设备。例如在AES3与MADI之间互相转换，可以使用图12-23所示的RME ADI-6432转换器。

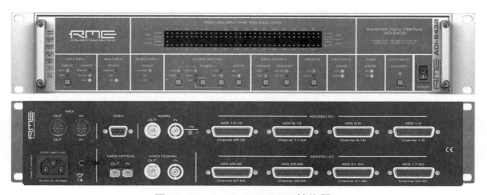

图12-23　RME ADI-6432转换器

三、网络音频连接

网络技术让人们的日常生活变得更加便利，类似的技术也方便了音频设备的连接。根据开放式系统互联通信参考模型（OSI Model）所划分的7层，用于音频设备连接的协议主要在第1层至第3层。

第1层（物理层）协议仅仅使用以太网的连线及信号部分，因此多个设备连接时需要使用专用的交换机。使用该层协议的设备以个人监听系统为主，包括Avoim的A-Net及Behringer的ULTRANET。

　　第2层（数据链路层）协议将音频数据以标准以太网数据包模式发送，因此可以使用标准的以太网交换机。但是根据厂商设计不同，某些协议可能需要独占以太网。使用该层协议的标准有AVB（IEEE 1722协议）、CobraNet、EtherSound及Waves SoundGrid。

　　第3层（网络层）协议又称"IP音频"（Audio Over IP）协议，该协议进一步将数字音频数据打包为网络层数据包，并使用IP协议传输，有时甚至继续打包为第4层（传输层）数据包，使用UDP或RTP协议传输。使用该层协议的设备可以使用普通网络交换机用于设备连接，大大降低成本。同时由于其配置方便灵活，因此被广泛采用。使用该层协议的标准有AVB（IEEE 1733协议）、RAVENNA、Audinate Dante等。

附录

索　引

中文索引

英文索引